MONOGRAPHIE

ou

HISTOIRE NATURELLE

DU GENRE GROSEILLIER,

C. A. Thory
Né le 26 Mai, 1759.

MONOGRAPHIE

OU

HISTOIRE NATURELLE

DU GENRE GROSEILLIER,

CONTENANT

LA DESCRIPTION, L'HISTOIRE, LA CULTURE ET LES USAGES
DE TOUTES LES GROSEILLES CONNUES,

Avec 24 Planches coloriées.

PAR C.-A. THORY.

A PARIS,

CHEZ P. DUFART, LIBRAIRE

DE SON ALTESSE ROYALE MONSEIGNEUR LE DUC DE BOURBON,

QUAI VOLTAIRE, N° 19.

1829.

AVERTISSEMENT

DE L'ÉDITEUR.

LE Traité des Groseilliers que nous offrons au public, est de feu M. *Claude-Antoine* THORY, auteur de plusieurs ouvrages justement estimés, et notamment de la *Monographie du genre Rosier*, et du savant texte des *Roses* peintes par M. REDOUTÉ.

Les soins que réclamait de cet amateur distingué la précieuse collection de Rosiers et les plantes rares qu'il possédait, d'abord dans ses jardins de Belleville, et ensuite dans sa maison de campagne à Clamart-sous-Meudon, ne lui faisaient pas négliger le modeste, mais utile Groseillier : il s'appliquait depuis longues années à étudier sa nature, ses mœurs, à réunir, à classer méthodiquement les espèces et les variétés connues tant en France qu'à l'étranger.

Persuadé que cet arbrisseau, peu honoré

jusqu'ici par les amateurs de jardins, et mal
conduit par les cultivateurs en grand, pouvait donner des fruits plus gros, plus abondans et plus savoureux à l'aide d'une culture
mieux appropriée à sa nature, il résolut de
publier le résultat de ses recherches et de
son expérience.

Dans le cours de l'été de 1827, il rassem-
bla donc et mit en ordre toutes ses observations sur le genre *Ribes;* il fit soigneusement peindre sous ses yeux les figures dont
on donne ici vingt-quatre lithographies re-
présentant les beaux fruits que sa culture lui
avait fait obtenir.

De retour à Paris, au mois d'octobre suivant, il comptait, par un examen scrupu-
leux de son ouvrage, et quelques recherches
nouvelles dans les trésors de nos bibliothé-
ques publiques, lui imprimer ce cachet de
science et de perfection qui distingue ses
autres productions, lorsqu'une mort inat-
tendue est venue l'enlever à sa famille et à
ses nombreux amis.

Craignant d'abord que ce Traité, dans
l'état où il a été laissé, ne fût pas digne du

mérite connu de l'auteur, nous avons long-temps balancé à le livrer à l'impression.

Cependant un plus mûr examen nous a fait reconnaître, 1°. qu'il ne serait pas sans intérêt pour les botanistes par le grand nombre d'espèces qu'il contient, par les soins apportés dans leur synonymie, par l'indication des auteurs qui en ont parlé, et la citation des nombreux ouvrages consultés; 2°. qu'il serait utile à l'économiste, à la maîtresse de maison, auxquels il offre les divers usages de la groseille dans l'économie domestique; 3°. que l'amateur y trouverait un guide dans le choix des espèces les plus intéressantes; 4°. et enfin que le cultivateur, même le plus instruit, y verrait des procédés de culture et de multiplication qu'on ne rencontre dans aucun autre ouvrage, et qu'il lui serait avantageux d'introduire dans sa pratique. D'après ces considérations, nous avons pensé qu'en publiant ce Traité on suivrait les vues philanthropiques de l'auteur, qui n'a jamais écrit par intérêt, mais dont le noble but a toujours été de propager des connaissances utiles.

Le public honorera donc la mémoire de M. Thory pour tout ce que ce volume renferme de neuf et d'intéressant, et n'attribuera les imperfections qu'il pourra y remarquer qu'au malheureux événement qui a empêché l'auteur d'y mettre la dernière main.

Cette publication est d'ailleurs un hommage que nous nous faisons un devoir de rendre à la mémoire d'un homme de bien, dont toute la vie a été consacrée aux sciences utiles et au bonheur de la société.

AVANT-PROPOS.

Quel est ce fruit qui, depuis quelques années,
orne nos marchés publics, décore les tables les plus
somptueuses, qu'on présente aux dames, à Londres,
à Édimbourg, dans des corbeilles élégantes, soit à
l'Opéra, soit dans les promenades publiques? C'est
la modeste groseille. La culture a opéré sa métamor-
phose, et les fruits les plus petits, les plus négligés
parmi ceux qui composaient nos desserts, en sont
devenus l'ornement par leur immense diamètre, souvent de plus d'un pouce, et présente pour ainsi dire
l'aspect de fruits nouveaux : ils excitent en effet l'ad-
miration par leurs belles formes, leurs couleurs
variées, et l'arbrisseau qui les produit commence
à se montrer dans les collections de quelques jardinistes.

Malheureusement, le nombre des personnes qui
s'occupent de la culture et du perfectionnement d'un
fruit si nécessaire à la santé des hommes, est encore

très limité, et ses belles variétés ne sont point encore appréciées en France comme elles le sont dans les îles Britanniques. C'est pour engager les cultivateurs à se livrer à sa culture, aussi utile qu'intéressante, que je me suis décidé à publier ce petit Traité, et à donner les figures de celles des groseilles de nos jardins les plus curieuses par leur volume et leur couleur.

Il contiendra l'histoire naturelle du Groseillier avec autant de détails que les connaissances acquises sur cet arbrisseau le permettront ; sa culture d'après ma propre expérience, la monographie de toutes les variétés connues de ce genre, la nomenclature des ouvrages les plus remarquables dans lesquels on en a décrit ou indiqué un nombre d'espèces plus ou moins considérable, ainsi que l'indication des lieux où on les trouve dans leur état sauvage.

Enfin je traiterai de leurs usages dans l'économie domestique, en donnant les recettes les plus usitées, et d'autres nouvelles qui me sont propres, pour utiliser les fruits de cet arbrisseau.

Tel est le cadre de ce petit ouvrage : je l'offre au

public sans aucune prétention ; j'ai voulu y réunir, autant que je l'ai pu, tout ce qui concerne le Groseillier, arbrisseau si intéressant et si négligé jusqu'aujourd'hui. J'ose espérer que le public daignera l'accueillir avec l'indulgence qu'il a eue pour ma *Monographie du genre Rosier*.

TABLE ALPHABÉTIQUE

NOMS DES AUTEURS,

ET DES TITRES DES OUVRAGES CITÉS PAR ABRÉVIATION.

1.

AIT. *Hort. Kew.* AITON (*William*), *Hortus Kewensis.
Ed. prima.* London, 1789, 3 vol. in-8o.

2.

AIT. *Hort. Kew. Ed. secunda.* AITON (*Will.* TOWSEND),
Hortus Kewensis. Ed. secunda. London, 1810, et seqq.

3.

AIT. *Hort. Epit. of the second ed.* Le même, *an Epi-
tome of the second edition of Hortus Kewensis.* London,
1814. 1 vol. in-8°.

4.

AMM. *Stirp.* AMMAN, *Stirpium rariarum in imperio,
Rutheno sponte provenientium icones et descriptiones.* In-4°,
1739.

5.

C. BAUH. *Pin.* BAUHIN (*Caspard*), *Pinax theatri Bota-
nici,* 1 vol. in 4°, 1623. *Ed. secunda,* 1671.

6.

J. BAUH. *Hist.* BAUHIN (*Jean*), *Historia Plantarum
universalis,* 3 vol. in-fol. *Eubrodini,* 1619.

7.

J. Bauh. *Prod.* Bauhin (*Jean*), *Prodromus Theatri Bota-
nici,* 1 vol. in-4°. Francf. Mœn. 1620. *Ed. secunda,* 1671.

8.

Blacw. *Herb.* Blacwell (*Élisabeth*), *A curious Herbal,*
2 vol. in-fol. *London,* 1737.

On trouve dans cet ouvrage deux figures, l'une du Groseillier à grappes, l'autre de l'espèce épineuse.

9.

Bosc. Nouv. Cours. Bosc (*Louis*). L'article *Groseillier*
dans le Nouveau Cours complet d'Agriculture théorique et
pratique. *Paris,* 1809. 13 vol. in-8°. Seconde édition,
1822.

10.

Clus. *Rar. Hist.* Clusius ou De l'Écluse (*Charles*),
Rariorum aliquot Stirpium per Panoniam observ. Historia,
1 vol. in-8°, 1553.

11.

Clus. *Rar. Plant.* Clusius, *Rarium Plantarum historia.*
1 vol. in-fol. *Antverpiæ,* 1601.

12.

Curt. *Bot. mag.* Curtis (*William*), *The Botanical
magazine.* London, 1787, seqq.

13.

Dal. *Fl. Par.* Dalibart, *Floræ parisiensis Prodromus.*
1 vol. in-12. *Paris,* 1749.

14.

D. C. Fl. franç. De Candolle et Lamarck, Flore fran-
çaise. Troisième édition, 6 vol. in-8°, 1805, et seqq.

15.

Desf. Arbr. et Arbust. Desfontaines, Histoire des Arbres et Arbustes qui peuvent être cultivés en pleine terre sur le sol de la France , 2 vol. in-8°. *Paris , 1800.*

16.

Dill. *Elth.* Dillenius (*Joh. - Jac.*) , *Hortus Elthamensis.* 2 vol. in-fol. *Londini ,* 1732.

17.

Dod. *Pempt.* Dodoneus (*Rambertus*) , *Stirpium historiæ pemptades sex.* Antverpiæ , 1583-1612.

18.

Duham. Arb. Duhamel du Monceau , Traité des Arbres et Arbustes qui se cultivent en France , 2 vol. in-4°, 1755.

Duham. Arb. éd. Mich. (Nouveau Duhamel.) Arbres et arbustes. Éd. Michel , 5 vol. in-fol. , sans date (1801-1816.) Le texte par Loiseleur-Deslongchamps.

19.

Duh. Arb. fruit. Arbres fruitiers , nouv. édit. par Poiteau et Turpin. *Paris,* 1808 , 6 vol. in-fol.

20.

Dum. Cour. *Bot. cult.* Dumont-de-Courset , Le Botaniste cultivateur. *Paris ,* 1802 , 5 vol. in-8°. Supplément , 1814.

21.

Du Roi *Harbk.* Du Roi , *Die Harbkesche ,* etc. , 2 vol. in-8°. *Braunschweig ,* 1771 , et seqq.

22.

Fuchs. *Hist. Stirp.* Fuchs, *De historiâ Stirpium commentarii insignes,* 1 vol. in-fol. *Basileæ,* 1542.

23.

Gaert. *de fruct.* Gaertener, *De fructibus et seminibus Plantarum.* Lipsiæ, 1788. 2 vol. in-4°. Supplément, 1 vol. in-4°, 1803.

24.

Gm. *Fl. Sib.* Gmelin (*Joseph-George*), *Flora Sibirica,* 4 vol. in-4°. *Petropoli,* 1747, et seqq.

25.

Hall. *Helv.* Von Haller (*Albert*), *Enumeratio methodica Stirpium Helvetiæ,* 2 vol. in-fol. *Gottingæ,* 1742.

26.

Hof. *Germ.* Hofmann (*Georges-François*), *Flora germanica,* 4 vol. in-12. *Erlangen,* 1791, et seqq.

27.

Houtt. *Pflanz. syst.* Houttuyn, *Systema.* 14 vol. in-8°, 1788, en allemand.

28.

Jacq. *Icon. Plant.* Jacquin, *Icones Plantarum rariorum,* 3 vol. in-fol. *Vindebonæ,* 1786, et seqq.

29.

Jacq. *Miscel. Aust.* Jacquin, *Miscellanea austriaca,* 2 vol. in-4°. *Vindebonæ,* 1778-1781.

30.

Lam. *Ency.* Delamarck, *Encyclopédie méthodique, Dict. de Botanique,* vol. III.

31.

L'Herit. *Stirp. nov.* L'Heritier, *Stirpes novæ aut minus cognitæ*, 6 *fasciculi*, in-fol., 1784-1785.

32.

Lin. *Spec. Plant.* Linné, *Species Plantarum.* Dans les diverses éditions de 1753-1762-63, 1764, dans l'édition de *Richard*, de Willdenow.

33.

Lin. *Mat. medic.* Linné, *Materia medica.* Holmiæ, 1749, 1 vol. in-8°, et autres ouvrages de cet illustre botaniste.

34.

Lois. *Fl. Gall.* Loiseleur-Deslongchamps, *Flora Gallica*, 2 vol. in-12, 1806-1807. *Voyez* Duhamel.

35.

Math. *Comp.* Mathiolus, *Compendium de Plantis omnibus.* In-4°. *Venetiis*, 1571.

36.

Mich. *Fl. Bor. Am.* Michaux (*André*), *Flora Boreali Americana*, 2 vol. in-8°. *Parisiis*, 1803.

37.

Mill. *Dict. ed. Gall.* Miller, Le Dictionnaire des Jardiniers, 8 vol. in-4°. *Paris*, 1785.

38.

Moench. *Enum. Hass.* Moench, *Enumeratio Plantarum indigenarum Hassiæ*, 1 vol. in-8°. *Cassel*, 1777.

39.

Moench. *Meth.* Moench, *Methodus Plantas horti et agri Marburgensis describendi*, 1 vol. in-8°. *Marburgi,* 1794.

40.

Nois. Man. du Jard. Noisette (*Louis*), Manuel du Jardinier, 4 vol. in-8°. *Paris,* 1825.

41.

Oed. *Fl. Dan.* Oeder, *Icones Plantarum sponte nascentium in regnis Daniæ et Norvegiæ.* In-fol. *Hafniæ,* 1761–1770, etc.

42.

Pall. *Flor. Ross.* Pallas, *Flora Rossica,* 1 vol. in-fol. *Petrop.,* 1784-88.

Pall. *Nov. Act. Petrop.* Pallas, *Nova Acta Acad. Petrop.* In-fol.

Pall. *Nov. Act. Petrop. Itin.* Pallas, Voyage dans l'Empire de Russie, 8 vol. in-8°. *Paris,* 1793.

43.

Pers. *Syn.* Persoon, *Synopsis Plantarum,* 2 vol. in-12, 1805-1807.

44.

Pluk. *Almag. Botan.* Plukenett, *Almagestum Botanicum.* Londini, 1 vol. in-4°, 1696.

45.

Poll. *Palat.* Pollich, *Historia Plantarum in Palatinatu sponte nascentium,* 3 vol. in-8°. *Manheim,* 1776.

46.

Ray, *Hist. Plant.* Ray, *Historia Plantarum,* 3 vol. in-fol. *Londini,* 1686-1688. *Supplementum,* 1704.

47.

Reich. *Syst. Plant.* Reichard. *Systema Plantarum.*
Francf. Mœn. 1779-1780. 4 vol. in-8°.

48.

Robs. Robson. des Transactions de la Société linnéenne
de Londres. vol. III.

49.

Roth. *Fl. Germ.* Roth. *Tentamen Floræ Germanicæ*,
3 vol. in-8°. *Lipsiæ.* 1797-1803.

50.

Smith *Engl. Bot.* Smith. *English Botanic.* 20 vol. in-8.
London. 1790. et seqq.

51.

Scop. *Fl. Car.* Scopoli. *Flora Carniolica.* 1 vol. in-8°.
Viennæ, 1760.

52.

Tourn. *Inst.* Pitton de Tournefort. *Institutiones rei*
herbariæ. Paris. 1717-1719, 3 vol. in-4°.

53.

Vill. *Delph.* Villars. Histoire des Plantes du Dau-
phiné. *Grenoble.* 1786-88. 3 vol. in-8°.

54.

Web. *Dec. plant.* Weber. *Decem plantæ minus co-*
gnitæ. Leipsick. 1804. In-8°.

55.

Willd. *Spec. Plant.* Willdenow. *Species Planta-*
rum. Caroli Linnæi. editio post Reichard. 5 vol. in-8°.
1797. et seqq.

56.

WILLD. *Berlin Baumz.* WILLDENOW, Description des arbres et arbustes du territoire de Berlin. En allemand, 1 vol. in-8°. *Berlin*, 1796.

57.

WILLD. *Enum. Hort. Berl.* WILLDENOW, *Enumeratio Plantarum Horti regii.* Berlin, 1813. 2 vol. in-8°.

MONOGRAPHIE

OU

HISTOIRE NATURELLE

DU GENRE GROSEILLIER.

CHAPITRE PREMIER.

De la Nature du Groseillier.

La famille des Groseilliers ne renferme qu'un seul genre. Elle est intermédiaire entre les *saxifrages* et les *cierges*. Elle diffère des saxifrages par son fruit en baie et ses graines pariétales, et des cierges par le nombre défini de ses pétales et de ses étamines.

Elle se compose d'arbrisseaux qui croissent spontanément dans tous les pays, principalement dans les parties du nord de l'Europe.

On les trouve sauvages dans les haies, sur les vieilles murailles, les troncs d'arbres abandonnés, les montagnes, et dans les vallées. Parfois ils sont munis d'épines très acérées; souvent ils en sont privés. Les fleurs dans ces derniers sont axillaires, disposées en grappes; elles sont solitaires ou géminées dans les espèces épineuses.

Les botanistes ont considéré, pour la description de cet arbrisseau,

1°. Les tiges et leurs rameaux;

2°. Les épines;

3°. Les feuilles et leur pétiole;

4°. Les fleurs, les pédoncules, les bractées et les enveloppes florales qui les accompagnent;

5°. Enfin les fruits.

Nous passerons successivement en revue ces organes divers.

1°. Le Groseillier s'élève naturellement en un buisson touffu à la hauteur de trois ou quatre pieds. Ses tiges sont grêles, rameuses et divergentes; elles n'acquièrent jamais une grande dimension, parce que dans l'état sauvage elles périssent promptement par les lichens ou la mousse, et que dans nos jardins, la taille nécessite le retranchement du vieux bois pour leur conservation.

Les branches adultes sont d'un brun rougeâtre, recouvertes d'un épiderme qui se fendille et qu'on enlève aisément.

Les branches de l'année, ainsi que toutes les ramifications et les brindilles de l'arbrisseau, sont blanchâtres, et on trouve sous leur épiderme une couche de tissu cellulaire, qui dérobe aux yeux les couches de fibres corticales.

2°. Les épines, ou défenses du Groseillier épineux, *Fig.* 1, MN, naissent du corps ligneux de l'arbrisseau et semblent être des rameaux avortés. Elles sont dures, très pointues, droites, horizontales, ou légèrement inclinées vers la terre. L'épiderme qui enveloppe toutes les parties ligneuses de l'arbrisseau les recouvre aussi. Leur couleur est d'un jaune pâle, ou blanchâtre. Elles sont parfois solitaires, plus souvent réunies par deux ou trois, rarement davantage. Ces épines, souvent longues de huit à dix lignes, donnent un aspect féroce à cette plante, qui semble être destinée à n'être vue que de loin.

3°. Les feuilles, dans le Groseillier, *Fig.* 1, HIK, sont alternes, incisées, comme ridées, presque toujours échancrées en cœur à la base, à trois ou cinq lobes dentés et divergens. Elles sont en général d'un vert foncé en dessus et plus pâles en dessous. Selon les espèces ou les variétés, ce vert offre plusieurs modifications : il est clair ou obscur, glauque ou couleur de poireau, ou blanchâtre ou grisâtre à leur surface, qui est vernissée ou velue ; quelquefois les feuilles sont panachées de taches jaunâtres irrégulières, mais c'est un accident qui naît et disparaît souvent dans la même année.

La feuille est supportée par un pétiole, *Fig.* 1, L, très long, particulièrement dans le Groseillier à grappes, vertical et tellement perpendiculaire à l'horizon, que dans le Groseillier épineux, les feuilles qui le surmontent sont presque appliquées contre la tige, surtout sur des pousses de l'année, et celles qui sortent du collet de la racine; il est creusé en gouttière et muni à la base et à l'intérieur de quelques petits poils cylindriques. Ce pétiole se prolonge sur le limbe extérieur de la feuille, et se ramifie en nervures, tantôt blanches, tantôt vertes, ou en partie colorées d'un rouge tendre. Il s'attache dans l'aisselle des épines, et laisse voir, entre la branche et lui, le bourgeon destiné à reproduire le fruit l'année suivante. Des nervures confuses, en grand nombre, qu'on remarque encore sur le limbe extérieur de la feuille, complètent ce qu'on pourrait appeler le squelette de cet organe.

4°. Les fleurs du Groseillier sont disposées en grappes simples, *Fig.* 1, E. Elles sont attachées par de petits pédicelles, *Fig.* 1, F, sur un pédoncule commun, *E.* Elles sont nombreuses sur le Groseillier à grappes. Sur le Groseillier épineux, on trouve le rudiment de ce pédoncule commun, au bas duquel le pédicelle de la groseille est comme soudé. Ce pédoncule est parfois très court, même imperceptible; souvent il est

très long (comme on peut le voir dans notre
Ribes longipedata, Fig. 18), mais son origine
n'est pas douteuse; et tout porte à croire qu'a-
vec le temps et la culture, on obtiendra des
Groseilliers épineux à grappes; déjà dans beaucoup de variétés les grains sont géminés, et par
cette raison portés sur un pédoncule commun.

Ce pédoncule commun, lors de la floraison,
est presque toujours horizontal ou oblique; jamais il n'est vertical, rarement il est pendant,
si ce n'est quand la grappe est chargée de ses
grains. Les pédicelles qui s'y rattachent sont
courts et munis de bractées, *Fig.* 1, G, tantôt
solitaires, tantôt réunies par paires. Ces bractées
sont plus ou moins colorées en rouge ou en vert
obscur. Dans le Groseillier épineux, les pédicelles, *Fig.* 1, F, sont également courts, mais
plus épais; on remarque à leur base les mêmes
bractées, lesquelles tracent une ligne de démarca-
tion entre elles et l'appendice linéaire ou le pédoncule commun avorté, dont nous avons parlé.

A l'extrémité de ces pédicelles se trouvent
placées les enveloppes florales et les fleurs de ces
arbrisseaux.

La fleur du Groseillier est hermaphrodite ou
quelquefois dioïque. LINNÉ l'a placée dans la pen-
tandrie monogynie. TOURNEFORT, dans la classe
21, *arbres rosacés.* JUSSIEU, dans la famille des

saillantes en dessous, un peu ridées, palmées à trois ou cinq lobes, sont supportées par un pétiole long souvent de plus de deux pouces, creusé à l'intérieur, et muni à la base de quelques petits poils très fins.

Les fleurs sont disposées sur des grappes latérales, solitaires ou nombreuses. Elles sont d'un vert sale ou un peu jaunâtre, très évasées, planes et alternes. Elles sont portées sur de petits pédicelles courts, munis de bractées, lesquels sont eux-mêmes attachés à un pédoncule commun, long souvent de deux à quatre pouces. Les pétales sont extrêmement petits, quelquefois entiers, plus souvent échancrés à leur sommet. Les baies sont petites, lisses, hémisphériques, d'un beau rouge, et d'une saveur excellente, quoiqu'un peu acide, quand les fruits sont mûrs.

OBSERVATIONS.

Ce Groseillier se trouve sauvage dans les vallées des montagnes de la Suisse méridionale, sur les Basses-Alpes, et dans d'autres parties de l'Europe. On le rencontre communément aux environs de Paris, dans les bois à Saint-Cloud, Meudon, Montmorency, aux environs du Château de la chasse, etc. C'est là qu'on trouve le type de l'espèce. Il y est plus petit dans toutes ses parties, et les baies sont très acides.

Les feuilles se montrent dès la fin de février, et les fleurs se développent presque en même temps.

On nomme communément ce Groseillier, *Groseillier rouge*, *Groseillier commun*, *raisin de mars*, *Groseillier des jardins*; on nomme aussi ses fruits des *Ribettes*, des *Castilles*; en patois toulousain, des *Coulindrons*. Dans le département du Lot, *raisin de Coulindre*, etc.

Le Groseillier rouge des jardins a donné les variétés que nous allons décrire sommairement.

α. GROSEILLIER A GROS FRUITS ROUGES.

Ribes rubrum, varietas macrocarpa.

FIG. 2.

R. *baccis duplo-majoribus.*

Cet arbrisseau donne des groseilles souvent aussi grosses que les grains du petit raisin. Madame ADANSON dit que pour obtenir ce résultat, il suffit de supprimer les dernières fleurs de la grappe. Nous croyons que les curieux doivent aussi, pour avoir le fruit dans toute sa beauté, retrancher quelques grappes, lorsque les baies commencent à nouer.

β. GROSEILLIER A FRUITS ROSES.

Ribes rubrum, varietas baccis roseis.

Cette variété n'est pas commune. Elle est cependant connue des botanistes. On la cultive dans les jardins de M. le comte DUBOIS, à Ivry, et dans ceux de M. MICHAUX (l'auteur des *Chênes d'Amérique*), à Vauxréal, près Pontoise, et dans plusieurs jardins de curieux. Le fruit a tout le goût et la saveur de l'espèce. Les grains sont petits et d'une jolie couleur rose.

γ. GROSEILLIER A FRUITS BLANCS.

Ribes, varietas baccis albidis.

Fig. 3.

Groseillier à grappes, fruit blanc. Poir. et Turp. Arb. fruit. tab. 221.

Les branches de cet arbrisseau sont divergentes, et les feuilles, grandes, blanchâtres ou d'un vert clair, sont portées sur de longs pétioles. Ses fleurs sont disposées en grappes pendantes. Ses baies sont transparentes et blanchâtres. Leur saveur est plus douce que celle des baies du Groseillier rouge. On le cultive dans tous les jardins. Les nervures principales et les nervures confuses, sur les feuilles de ce Groseillier, sont souvent blanchâtres.

δ. GROSEILLIER A FRUITS PERLÉS.

Ribes, varietas baccis margaritis similis.

C'est une sous-variété du précédent. Ses baies sont également transparentes et luisantes comme des perles; elles sont en général plus petites, mais elles n'ont presque pas d'acide. On trouve l'arbrisseau dans les jardins confondu avec le Groseillier à fruits blancs. On la connaissait du

temps de Bauhin, qui l'a mentionnée dans son
Historia plantarum, vol. I.ᵉʳ, pag. 98.

ε. GROSEILLIER A FEUILLES PANACHÉES.
Ribes, varietas foliis variegatis.

Les feuilles de ce Groseillier se panachent de
jaune et de vert plus foncé que celui du limbe
de la feuille. Nous avons vu des Groseilliers à
baies rouges et à baies blanches ainsi panachés.
Mais c'est un accident qui, souvent, ne se re-
nouvelle pas d'une année à l'autre ; on peut dire
aussi qu'il naît et disparaît dans la même année.
Cet accident se rencontre souvent, à l'automne,
sur le rosier des Alpes.

ζ. GROSEILLIER A NERVURES BLANCHES.
Ribes, varietas albinerviis.

Ce Groseillier (*foliis abbreviatis acutè lobatis
glabriusculis, nervis albidis,* PERSOON, 251),
que MICHAUX a rapporté du Canada, est encore
une variété de notre espèce à baies glabres et
rouges. PERSOON a fait une espèce de cette variété, fondée sur les nervures blanches des feuilles ; mais cet accident est fréquent, il se rencontre surtout à l'automne, sur une grande
partie des feuilles des Groseilliers sans épines.

η. GROSEILLIER A FLEURS EN ÉPI.

Ribes, varietas floribus spicatis.

La variété *η* a été présentée par Smith et autres auteurs comme une espèce, mais ce n'est que le *Ribes rubrum* dont les grappes fleuries sont à peu près disposées en épi, comme dans le Groseillier des Alpes; elles prennent la direction de toutes les autres lorsqu'elles sont chargées de leurs grains, qui sont rouges comme ceux du *Ribes rubrum.* Cette variété, qu'on trouve dans les forêts du nord de l'Angleterre, est figurée dans les *Transactions de la Société Linnéenne de Londres*, vol. III, pag. 140, et décrite par M. Robson.

θ. GROSEILLIER A FRUITS ROUX.

Ribes rufescens.

Fig. 4.

R. inermis, foliis erectis, acuminato-lobatis, glabris, racemis floriferis suberectis, fructiferis pendulis. Flores viridulæ; bracteæ minimæ, vix pedicellum superantes. Fructus subrufus. Thy.

C'est un arbrisseau qui s'élève à la hauteur d'environ trois pieds. Ses feuilles, un peu plus petites que celles du Groseillier rouge, sont d'un vert clair en dessus, plus pâles en dessous. Elles sont glabres et portées sur un pétiole allongé. Les grappes florifères sont presque droites, mais elles deviennent pendantes quand elles sont chargées de leurs grains. Les fleurs sont vertes, portées par des pédicelles munis à leur base de deux petites bractées colorées, à peine plus longues que le pédicelle. Les baies mûres sont petites, lisses, de couleur rousse, et comme vernissées.

OBSERVATIONS.

Ce Groseillier se trouve dans les haies et les jardins, à Croissy près Paris. Il est cultivé dans la campagne, et les habitans en font un commerce assez étendu. Les confiseurs de Paris préfèrent son fruit à celui des autres Groseilliers, parce qu'il est moins acerbe et plus propre à faire des gelées. On appelle communément, dans les marchés, cette groseille, la petite *Rousse de Croissy*. Elle ne diffère de la variété à fruit blanc, que par sa stature, qui est plus petite, ses feuilles beaucoup moins grandes, et la couleur de ses baies.

Cet arbrisseau ne diffère du R. *rubrum* que par ses feuilles plus petites, ses grappes presque droites et ses baies de couleur rousse, petites et vernissées.

2. GROSEILLIER DE ROCHE.
RIBES PETRÆUM.

R. *inerme, racemis pilosiusculis erectis, floribus planius-culis, foliis acuminato-lobatis, inciso-dentatis, caule erecto.* WILLD. *Spec.* 2. 1153.

R. *Petrœum,* L. *Spec. Plant.* DESF., *Hist. Arb.* 87. n° 2. ENGLICH. BOT. tab. 705.

Groseillier de roche, D. C. Nouv. Fl. franç. 4. 3643.

CET arbrisseau s'élève à trois pieds ou un peu moins. Ses tiges sont grises et comme fendil-lées. Les rameaux florifères, un peu velus, sont droits, peu rameux. Les feuilles, peu échan-crées à leur base, sont assez grandes, à trois lobes, d'un vert foncé et noirâtre en dessus, plus pâle en dessous.

Le pétiole qui les supporte, chargé de poils assez longs, est un peu plus court que celui des feuilles du Groseillier rouge.

Les fleurs sont d'un rouge brun, et forment de petites grappes, droites pendant la floraison, et un peu penchées à l'époque de la maturité de ses baies, qui sont de couleur rouge.

OBSERVATIONS.

On trouve ce Groseillier dans les forêts de la Silésie et de la Bohême. Nous l'avons observé au mont d'Or et dans les haies aux environs de Clermont, en Auvergne ; on le trouve aussi dans les Alpes, dans les Pyrénées et ailleurs.

Il n'est cultivé que dans les jardins botaniques et ceux

des curieux. Jacquin en a donné une bonne figure dans ses Ic. 1. Tab. 49.

Le fruit n'est pas bon ; sa saveur est acerbe.

On l'appelle indifféremment le *Groseillier de roche* ou *des rochers*. « On cultive beaucoup ce Groseillier dans le « département du Pas-de-Calais, où on le nomme le *Gro-* « *seillier-Corinthe*, à cause de ses petits fruits , de leur goût « vineux et de l'emploi qu'on en fait dans les puddings , où « ils remplacent, quoique imparfaitement, le raisin de Co-« rinthe. » Dum. de Cour. vol. V, p. 305.

5. GROSEILLIER A TIGES TOMBANTES.
RIBES PROCUMBENS.

R. *inerme , racemis erectis , floribus planiusculis, foliis obtusè lobatis, caule procumbente.* Willd. *Spec.* 1154, n° 5. Persoon, *Syn.* 251, n° 6.

R. *polycarpos grossulariæ fructu.* Ruth. *Germ.* 197.

Les tiges de cet arbrisseau sont étalées sur la terre. Leurs rameaux divergens sont pendans et disposés sans ordre. Les grappes sont munies de fleurs nombreuses un peu aplaties. Les feuilles sont à cinq lobes presque obtus; elles sont por-tées sur un pétiole allongé, et nous ont paru avoir quelque rapport avec celles de notre *ribes rubrum*. Les baies manquaient sur l'exemplaire sec de ce Groseillier qui nous a été communiqué.

Ce Groseillier se trouve dans les lieux om-bragés et couverts de mousse , dans les provinces septentrionales de la Russie. (Davurie.)

OBSERVATIONS.

C'est à Pallas que nous devons la découverte de cet arbrisseau. Il en a donné la description et la figure dans sa *Flora rossica*, p. 35, t. 65.

Selon lui, les grappes florifères sont droites, et elles deviennent pendantes à la maturité des grains.

Quelques botanistes ont cru que cet arbrisseau n'était qu'une variété du R. *rubrum*. Mais la différence du port des deux individus les distingue suffisamment.

4. GROSEILLIER COUCHÉ.
RIBES PROSTRATUM.

R. *inerme, ramis reclinato-prostratis, racemis suberectis, baccis hispidis.* Lam. Ency. 3. p. 48. L'Her. Sterp. 1. Tab. 2. Persoon, *Syn.* p. 251. n° 7.

R. *glandulosum, inerme, racemis erectis, piloso-glandulosis, floribus planiusculis, foliis acuminato-lobatis, dentatis; caule adscendente, radicante.* Willd. *Spec.* 1154. Aiton, *Kew.* p. 279.

Petit arbrisseau dont les rameaux, bas et tombans, sont parfois couchés jusqu'à terre, et assez longs pour y prendre racine. Ses feuilles, grandes, un peu ridées, d'un vert clair en dessus, plus pâles et velues en dessous, sont divisées en cinq lobes découpés inégalement dans leur contour, et chaque découpure est munie d'une petite pointe; elles sont portées par de longs pétioles légèrement ciliés à leur base. De petits bourgeons donnent naissance à de très longues grappes de fleurs purpurines attachées à de courts pédicelles munis de bractées ; les pétales sont tellement rapprochés, qu'ils donnent à ces fleurs l'aspect de petites cloches. Le pédoncule commun, les pédicelles, les divisions du limbe et l'ovaire sont couverts de poils surmontés d'une petite glande verdâtre. Les baies sont globuleuses, d'un rouge clair, et hérissées de petites pointes.

OBSERVATIONS.

On cultive ce Groseillier au Jardin du Roi. C'est le seul, parmi les Groseilliers sans épines, qui présente des fruits hérissés. Sa patrie est l'île de Terre-Neuve. Ses baies sont très acides. Persoon dit que les feuilles de ce Groseillier sont en cœur à leur base, et qu'on le trouve au Chili dans les collines des bois. Voyez cet auteur, *l. c.*

5. GROSEILLIER DES ALPES.

RIBES ALPINUM.

Fig. 24.

R. *inerme, racemis erectis : bracteis flore longioribus.* L. *Spec. Plant.* 291. Leers. *Fl. herb.* p. 66. n° 71. Willd. *Species.* R. Persoon, *Synop.* n° 8. *Fl. Danica.* Tab. 968. Jacq. *Austriaca.* T. 47. D. C. Fl. fr. 3644.

R. *Alpinus dulcis.* J. B. Hist. 2. p. 98.

R. *Dioicum.* Moench. *Meth.* 683.

On cultive cet arbrisseau au Jardin du Roi, où la plupart des individus sont stériles. Ses tiges sont hautes de six à sept pieds, très rameuses et blanchâtres. Ses feuilles, les plus petites de toutes celles des espèces sans épines, sont solitaires sur les branches de l'année, fasciculées sur le vieux bois. Elles sont petites, portées sur un pétiole assez long, glabres, à trois lobes incisés, vertes et luisantes en dessus, plus pâles en dessous. Les fleurs, comme aplaties, sont disposées en petites grappes verdâtres, herbacées, redressées, et les pédicelles qui les supportent sont munis de deux bractées aussi longues, et souvent plus longues que les fleurs, qui sont presque toujours dioïques. Les baies sont d'un rouge pâle, peu nombreuses et presque sans saveur. LEERS dit que les pétales sont jaunes dans l'individu mâle, et d'un rouge vif dans l'individu femelle, ce que nous n'avons jamais remarqué.

OBSERVATIONS.

On trouve cet arbrisseau dans les haies des pays montagneux, dans les Cévennes, les Pyrénées, l'Auvergne et ailleurs. Il produit assez d'effet dans les bosquets des jardins paysagers ; il orne les fabriques, et se plaît aux expositions du nord où les autres arbrisseaux existent à peine. On le reconnaît facilement, non seulement à ses tiges élevées, mais à ses feuilles beaucoup plus petites que celles des autres Groseilliers. On le multiplie par les mêmes procédés que ceux indiqués pour les autres espèces de ce genre. Nous avons souvent trouvé les grains sans pepins sur des grappes entières. Il fleurit en avril et mai. Ses fruits sont mûrs en juillet.

Ce Groseillier, dit M. DE LAMARCK, est hermaphrodite dioïque, c'est-à-dire que certains individus de cette espèce

sont constamment stériles quoique fleurissant abondamment
(on peut les nommer *hermaphrodites mâles* , puisque leurs
pistils avortent) , tandis que d'autres sont fertiles , et pourront être regardés comme hermaphrodites femelles , si leur
fertilité dépend du voisinage d'un hermaphrodite mâle , leurs
propres étamines étant infécondes.

Il croît spontanément dans l'Alsace, la Provence , en
Angleterre , dans la Suisse , etc., et encore dans la Suède et
la Sibérie , parmi les haies.

Ses baies sont assez douces , mais sans saveur.

6. GROSEILLIER ODORANT.
RIBES FRAGRANS.

R. *inerme, racemis erectis, corollis campanulatis, foliis
obtusè trilobis, caule ascendante.* WILLD. *Sp.* 1155. R. *fra-
grans, inerme, surculis ramosis erectis, foliis subquinquan-
gulo-trilobatis, racemis fructiferis erectis.* PALLAS. *Nov.
Act. acad. Petrop.* 10, p. 377. T. 9.

ARBRISSEAU sans épines, haut de six pieds ,
d'un port agréable , à rameaux dirigés d'abord
horizontalement , et reprenant ensuite la direction verticale, couverts d'une écorce écailleuse
qui exsude une résine très jaune et très suave.
Ses feuilles, alternes, verticales, portées sur un
pétiole très allongé, sont dures au toucher, à
trois ou cinq lobes un peu dentés, glauques,
munies d'un assez grand nombre de veines confuses en dessous, vertes à la surface supérieure;
ces mêmes veines sont couvertes, en dessous, de

glandes qui exsudent également une résine d'une odeur analogue à celle de la mélisse.

Les fleurs sont petites, blanches, très odorantes, campanulées, disposées en petites grappes courtes, rapprochées, droites, à bractées caduques. Le fruit a la forme, la grosseur et la couleur de notre Groseillier rouge. Pallas le dit excellent.

OBSERVATIONS.

Ce Groseillier a été observé par Pallas, et figuré dans les Actes de l'Académie de Saint-Pétersbourg, *id.*, p. 377, Tab. 9. Il croît sur les plus hautes montagnes de la Sibérie. Nous l'avons vu sec dans l'herbier de M. Hédoin.

7. GROSEILLIER OBSCUR.

RIBES TRISTE.

R. *inerme, racemis pendulis; corollis planiusculis; foliis quinque lobis.* Willd. *Spec.* 1155, n° 7. Persoon, *Syn.* 1. 251, n° 10.

R. (*triste*) *inerme, surculis simplissimis virgatis superiùs foliiferis, racemiferisque; racemis pendulis.* Pall. *Nov. act. Petrop.* 10. p. 378.

C'est Pallas qui nous a fait connaître ce Groseillier, que je n'ai vu ni vivant ni desséché. Je présenterai donc ici la description qu'en a fournie ce savant voyageur ; je ne la place dans cette monographie que comme renseignement.

C'est un arbrisseau qui croît sur les plus hautes montagnes de la Sibérie.

Du collet de sa racine sortent, en rampant, plusieurs rameaux simples et très effilés, qui se redressent à la hauteur de deux à trois pieds. Les feuilles naissent à l'extrémité de ces surgeons, sur lesquels elles sont rares, et en tout pareilles à celles du R. *rubrum* de nos jardins. Les rameaux produisent des grappes pendantes et des fleurs portées par des pédicelles glabres. Les cinq pétales de la corolle sont renversés, aplatis, rouges à l'extérieur, et jaunes intérieurement. Les baies sont petites, noires, et insipides. On en retire par expression un suc d'un pourpre noirâtre, dont les gens du pays se servent pour donner de la couleur à leurs vins.

8. GROSEILLIER NOIR, CASSIS.

RIBES NIGRUM.

Fig. 5.

R. *inerme, foliis subtùs punctatis; racemis laxis, floribus campanulatis, bracteis pedicellis brevioribus.* LAM. Encycl. p. 293. WILLD. *Spec.* 1136. n° 8.

R. *inerme, racemis pilosis, floribus oblongis.* OEDER. *Fl. Dan.* Tab. 556. BLACKWELLE, Tab. 285. HALLE, *Helv.* 819. DALIBART, *Paris.* 74. BAUH. *Hist.* 2. BAUH. *Pinax.* 455. DOD. *Pempt.* 749. D. C. Fl. franç. éd. 3, 5645. LOISELEUR, *Fl. gallica.* I, 159.

R. *olidum.* MOENCH. *Meth.* 685. *Cassis.* POIT. et TURP. Arb. fruit. Tab. 2.

ARBRISSEAU qui s'élève de trois à six pieds. Ses tiges sont brunes et fendillées comme celles deprécédens. Ses feuilles, glabres, vertes en dessus, plus pâles en dessous, sont grandes, larges de près de trois pouces, à cinq lobes, dont les découpures sont munies de dents presque aiguës; elles sont couvertes en dessous de poils entremêlés de glandes jaunâtres et résineuses. Les calices sont un peu rougeâtres sur les bords, et les divisions sont réfléchies. La fleur est verdâtre, à cinq pétales obtus; et les bractées, qui se trouvent à la base des pédicelles, sont très courtes. Les baies sont noires, globuleuses, pendantes, et tachetées, comme les feuilles, de petits points jaunes glanduleux : elles ont une odeur particulière.

OBSERVATIONS.

Cet arbrisseau est cultivé de temps immémorial dans nos jardins, sous le nom de *cassis* ou de *cassier*. Son fruit, comme toutes les parties de l'arbrisseau, répand une odeur forte que quelques personnes trouvent agréable. Cependant Haller dit, en parlant de ce prétendu parfum, *in totâ plantâ odor urinæ felinæ*. (Fl. Helvet., 1, p. 136.)

Les jardiniers, du temps de Bauhin, appelaient ce Groseillier *poivrier*, à cause de la couleur noire de ses baies, qu'ils comparaient à celle des grains du poivre noir. Ils lui trouvaient même un peu de sa saveur. Ses feuilles servaient autrefois d'assaisonnement; et selon C. Gesner, dans certains pays, les baies passaient pour vénéneuses.

On compose avec ses fruits un très bon ratafia, qu'on nomme vulgairement le *ratafia de cassis*. On le débite encore aujourd'hui dans une petite échoppe près du pont de Neuilly.

On doit se garder de confondre les fruits du *Ribes nigrum* avec ceux du *Ribes triste*, qui sont noirs, insipides, et donnent un jus très rouge qui, ainsi que nous l'avons dit, sert dans la Sibérie, et les lieux où il croît, à la teinture des vins.

Selon Leers, il croît spontanément dans le terreau qui se forme dans les troncs d'arbres abandonnés dans les forêts.

On le trouve, en France, dans les bois et les vallées des montagnes, en Auvergne, au mont Cénis, dans le Piémont, la Suède, la Suisse, l'Allemagne, la Sibérie, et sans doute dans d'autres lieux encore.

9. GROSEILLIER DE PENSYLVANIE.
RIBES PENSYLVANICUM.

Fig. 22.

R. *inerme, foliis utrinque punctatis; floribus ramosis sub-cylindricis; bracteis pedicellis longioribus.* Lamarck, Dict. 3, p. 47.

R. *floridum inerme, foliis utrinque punctatis, racemis pendulis, floribus cylindricis, bracteis germine longioribus.* Willd. *Spec.* 1156. n° 9. Persoon, *Syn.* p. 251. n° 17.

R. *inerme, racemis pendulis, floribus cylindricis, bracteis flore vix brevioribus.* Kher. *Stirp. nov.* 1. p. 4. Willd. ar. 269.

R. *Americanum nigrum.* Moench. Weisensth. 104. T. 7. Dill. Elth. 524, T. 244, f. 315.

Cet arbrisseau est cultivé au Jardin du Roi. Il est droit; ses rameaux sont épars et s'élèvent à deux ou trois pieds. Ses feuilles, lobées, à lobes inégalement découpés, et légèrement velus en leur bord, sont glabres, vertes en dessus, plus pâles en dessous. Le pétiole qui les supporte est muni dans la jeunesse de poils très fins qui disparaissent lorsqu'il grandit. Les grappes sont droites, solitaires, latérales, fort lâches et parfois longues de près de trois pouces. Le pédoncule commun est muni de petits pédicelles, à chacun desquels est attachée une fleur d'un blanc presque jaune. Les bractées sont étroites et plus longues que ce pédicelle. Les pétales sont plus longs que les étamines. Le style est terminé par deux stygmates. Les baies qui succèdent aux fleurs sont un peu ovoïdes-allongées et noires.

OBSERVATIONS.

Les grains résineux et jaunes qui recouvrent les feuilles de cet arbrisseau, le font rentrer dans l'espèce précédente, dont, au premier coup d'œil, il paraîtrait n'être qu'une variété. Mais on distinguera toujours le Groseillier de Pensylvanie à ses feuilles inodores, et aux longues bractées qui accompagnent les fleurs.

Il a été rapporté de la Pensylvanie par Michaux.

Ne doit-on pas considérer comme une simple variété de ce Groseillier le R. *recurvatum* de Persoon, p. 251, n° 15, lequel se trouve décrit dans la Flore de Michaux, 1, p. 110. Ses feuilles, un peu plus larges que celles de l'espèce, sont couvertes de points glanduleux. Les baies sont noires. Il a été rapporté de la baie de Hudson.

10. GROSEILLIER DORÉ.
RIBES AUREUM.

R. *racemis abbreviatis; bracteis pedicellos superantibus, calycibus tubulosis: petalis dentatis; foliis trilobis, obtusis, parcè dentatis, villosiusculis, basi attenuatis.* Spreng. *Sp. pl. 1. p. 811.*

ARBRISSEAU formant une touffe de rameaux simples, droits, roides, hauts de quatre à six pieds. Feuilles trilobées à lobes incisés, luisantes des deux côtés, plus vertes en dessus.

Fleurs tubuleuses, d'un beau jaune, à pétales petits, rapprochés par le haut, pourpres, disposées en petites grappes pendantes, munies de bractées foliacées, plus longues que les pédicelles.

Les fruits sont jaunâtres, petits, globuleux, d'une saveur fade, et toujours peu nombreux.

Ce Groseillier, originaire de l'Amérique septentrionale, est cultivé depuis long-temps pour l'ornement des jardins paysagers. On le voit au Jardin du Roi et ailleurs.

11. GROSEILLIER A FEUILLES PALMÉES.
RIBES PALMATUM.

R. racemis elongatis, cernuis; pedunculis villosis; bracteis foliaceis, pedicellos superantibus; calycibus tubulosis; petalis integris; foliis trifido-palmatis, lobis incisis, utrinque glabris. Hort. Par.

CETTE espèce est la plus agréable de tous les Groseilliers, par son port, par l'élégance de ses feuilles, par la grandeur et la bonne odeur de ses fleurs. Elle a été introduite dans les jardins vers 1820, et quelques personnes la confondent avec le Groseillier doré, dont elle diffère cependant beaucoup. Elle forme un buisson plus élevé; ses rameaux sont plus gros et moins roides; ses feuilles sont palmées, plus grandes, plus découpées, et leur pétiole est légèrement soyeux; ses grappes sont plus longues, inclinées ou pendantes; le pédoncule commun est velu; les fleurs sont jaunes, longues de huit ou dix lignes, à pétales courts, entiers, d'un beau rouge, et répandent une odeur très suave. Les bractées sont foliacées et plus longues que les pédicelles.

Les fruits sont noirs, allongés en ovale, de la grosseur et de la saveur de ceux du cassis.

Ce Groseillier est un des plus beaux ornemens des jardins paysagers, au printemps, par l'abondance, la grandeur et la bonne odeur de ses fleurs jaunes.

12. GROSEILLIER VISQUEUX.
RIBES VISCOSUM.

R. inerme, racemis brevibus, fol. cordatis 5-lobis, serratis, asperis, viscosis. Flor. peruv. 3. p. 13. Hab. in Peruviæ præruptis. Calyx flavus. Bacca dilutè purpurea.
Dum. de Courcel., vol. V. p. 304.

CETTE espèce forme un arbrisseau d'environ deux pieds, en buisson très rameux. Tiges droites, dont l'écorce est cendré-jaunâtre sur les jeunes pousses, qui sont chargées, ainsi que la surface des feuilles, de poils glanduleux et visqueux. Feuilles cordiformes à la base, trilobées, à lobes égaux régulièrement dentés, velues et d'un assez beau vert. Fleurs jaunâtres, en grappes courtes. Lorsqu'on touche les jeunes feuilles, elles collent aux doigts, et répandent une odeur résineuse qui a quelque rapport avec celle du cassis, mais qui est moins désagréable. Baies d'un pourpre léger. Dum. de Cour. *l. c.*

13. GROSEILLIER A SÉPALES TRIFIDES.
RIBES TRIFIDUM.

R. inerme, foliis glabriusculis: racemis pendentibus: floribus parvis, petalis spathulatis: baccis hirsutis: calycibus laciniatis subtrifidis. Mich. Fl. p. 110. Pers. Syn. p. 251.

ARBRISSEAU dont les feuilles sont à peu près glabres et les rameaux pubescens. Les fleurs sont petites (rouges selon Persoon). Les divisions du calice sont trifides et les pétales spatulés. Les baies sont velues.

OBSERVATIONS.

J'ai vu ce Groseillier desséché ; et la description qu'en a donnée Michaux paraît incomplète, car il n'a parlé ni de la dimension de l'arbrisseau, ni de la couleur de ses baies, etc. Il croît aux environs de Quebec et à la baie de Hudson, d'où il l'a rapporté.

Groseilliers à tiges sans épines, peu connus.

14. GROSEILLIER A TIGES ROIDES.

Ribes rigens, inerme, racem. erectis, fol. reticulato-rugosis, subtùs pubescentibus, racemis (etiam fructiferis) rigescente-erectis, bac. hispidulis. Michaux, *l. c. Hab. in Canadâ, ad amnem Mistassin.*

Dans cette espèce les rameaux sont érigés, et les grappes florifères, droites, conservent la même direction lorsqu'elles sont chargées de leur fruit.

15. GROSEILLIER A FEUILLES DE VIGNE.

Ribes macrobotrys, inerme, racemis longissimis pendulis hirsutis, fol. cordatis lobatis inciso-serratis, petiolis basi ciliatis. Fl. peruv. 3, p. 12, T. 202. Hab. in Peruviæ, Andium nemoribus. Fol. vitis viniferæ habitu. Bacca hirsuta viridis.

Cette espèce est remarquable en ce que ses feuilles ressemblent à celles de la vigne. Elle croît au Pérou, dans les forêts.

16. GROSEILLIER A FEUILLES BLANCHES.

Ribes albifolium, inerme, racemis folio duplò longioribus, pendulis: foliis subcordatis trilobis inciso-serratis, petiolis ciliatis. Flor. peruv. l. c. f. b. Hab. in nemoribus Munna locis frigidis. Flor. purpurascentes.

Celui-ci vient encore au Pérou. Ses feuilles sont blanchâtres. C'est à peu près le seul caractère dont on s'est servi pour le séparer des autres.

17. G. A FEUILLES PONCTUÉES.

Ribes punctatum, inerme, racemis pendulis brevibus, fol. trilobis serratis subtùs punctatis. Flor. peruv. T. 253. f. a. In Chile collibus (collines du Chili). Bac. rubra, punctata.

Les baies de celui-ci, ainsi que ses feuilles trilobées et dentées, sont couvertes de glandes, comme dans le *ribes nigrum;* mais ses fruits sont rouges. Sa patrie est le Pérou.

18. G. A FEUILLES CUNÉIFORMES.

Ribes cuneifolium, inerme, pedunc. 2-3-floris, foliis cuneiformibus incisis. Hab. in Peruv. alpib. Folia fasciculata. Bracteæ duæ ad basin singuli floris. Habitus Grossulariæ, fruct. magni. Flor. peruv. l. c.

Ce Groseillier n'est remarquable que par ses feuilles terminées en forme de coin; elles sont réunies en faisceau. Il croit au Pérou. Ses fruits sont gros, et il a le port d'un Groseillier épineux.

DEUXIÈME DIVISION.

GROSEILLIERS ÉPINEUX A GRAPPES CHARGÉES DE BEAUCOUP
DE FLEURS ET DE FRUIT.

19. GROSEILLIER A DEUX ÉPINES.
RIBES DIACANTHA.

R. *foliis incisis, aculeis geminis ad gemmas.* L. *Supp.*
p. 157.

R. *axillis bispinosis, racemis erectis, foliis cuneiformibus incisis.* PALL. *Ross.* 2, p. 36, Tab. 66. *Idem*, Itin. 3.
App. n° 79, Tab. 2. fig. 2.

*Grossularia Davurica, montana, uvæ crispæ foliis et fas-
cie, fructu rubro in ramulis conglobatis, rubro minore sub-
dulci.* RUTH. *Germ.* 198.

CE Groseillier a les feuilles et tout le port du
ribes uva-crispa. Les rameaux et les ramuscules
sont droits et blanchâtres. L'arbrisseau est presque aussi élevé que le Groseillier des Alpes. Ses
feuilles, vertes en dessus, plus pâles en dessous,
à trois lobes à peines incisés, terminées à leur
base en forme de coin, sont supportées par un
pétiole vertical et allongé. Les épines sont courtes, disposées au nombre de deux, quelquefois
mais rarement, trois sous chaque faisceau de
feuilles. Les grappes latérales sont droites et mul-
tiflores. Les fleurs sont petites, d'un vert jaunâtre. Les divisions du limbe sont indifféremment

ovales ou oblongues. Les grappes dont nous avons parlé sont comme rapprochées en boules parmi les feuilles. Les bractées sont plus longues que les pédicelles. Ce Groseillier n'a jamais montré ses baies en France. Selon Ruth et Pallas elles sont petites, rougeâtres et presque sans acide.

OBSERVATIONS.

Cet arbrisseau tient le milieu entre les Groseilliers sans épines et les Groseilliers épineux. On le trouve sur les montagnes dans la Sibérie. Depuis long-temps on le cultive au Jardin du Roi, et dans celui d'Upsal. Il y fleurit tous les ans, mais il n'a pas encore donné de fruits.

20. GROSEILLIER DES PIERRES.

RIBES SAXATILE.

R. *aculeis sparsis, foliis cuneiformibus obtusè trilobis, racemis erectis.* W. *Spec.* 1157, n° 11.

R. *saxatilis, ramis sparsè spinosis: racemis fructiferis erectis.* Pallas, *Nov. Act. acad. Petrop.* 10, p. 376.

Arbrisseau presque droit, ayant le port du Groseillier épineux et les fruits du Groseillier sans épines. Les branches sont presque droites et munies d'épines solitaires, horizontales, roides et comme soyeuses sur le jeune bois, caduques sur les vieilles branches. Les feuilles sont portées sur un long pétiole, à trois lobes obtus alternativement incisés. Les grappes florifères et fructifères sont droites. Les fleurs sont soutenues par

de petits pédicelles qui sont attachés à un pédoncule commun fort allongé, et munis de petites
bractées linéaires et de la longueur du pédicelle.
Les pétales, très petits, sont écartés et d'une
couleur verte et livide. Les baies sont globuleuses, rouges à leur maturité, acides, et ressemblant
assez aux baies du Groseillier rouge. (*Traduit
sur la Description de* PALLAS. *Loc. cit.*)

OBSERVATIONS.

Cet arbrisseau a été découvert par PALLAS, sur les montagnes granitiques de la Sibérie. Il considère aussi cette
espèce comme intermédiaire entre le *R. alpina* et le *R. dia-
cantha*, à cause de ses fleurs disposées en grappes, comme
dans le *Ribes rubrum*.

TROISIÈME DIVISION.

GROSEILLIERS ÉPINEUX A GRAPPES PORTANT PEU DE FLEURS
ET DE FRUITS.

21. GROSEILLIER ÉPINEUX.
RIBES UVA CRISPA, VULGARIS.

Fig. 20.

R. *racemis aculeatis, baccis, glabris, pedicellis bractea
monophylla*, OEder, *Dan.* 546. Blackw. Tab. 277. Hoff.
Germ. 81. W. *Arb.* 297. Lam. Dict. 3, p. 5o. D. C. Fl. fr. éd.
3, vol. 4. 5646. *Fl. Dan.* T. 546. Duham. *Arbr. editio nova.* 3,
Tab. 58. *Uva Spina.* Mathiol, p. 167. *Uva Crispa,* Fuchs, 187.
Dodon. *Pempt.* 748. Petite verte ronde hérissée. Poit. et Turp.
Arb. fruit. Tab. 164.

α. *Ribes uva crispa, var. culta*, Fig. 12
β. R. *grossularia.*
γ. R. *subalba.*
δ. R. *ovata.*
ε. R. *rosea.*
ζ. R. *carnea.*
η. R. *vittata.*
θ. R. *virescens.*
ι. R. *spinis rubris*
κ. R. *violacea.*
λ. R. *succinea.*
μ. R. *subnigra.*
ν. R. *sanguinolenta.*
ξ. R. *discolor.*
ο. R. *longi-pedata.*

Le Groseillier épineux, *Fig.* 20, regardé
comme le type des variétés rapportées ci-dessus,
est un arbrisseau touffu qui s'élève à la hauteur
de deux à cinq pieds; ses branches rameuses,
comme ses épines, sont couvertes d'un épiderme

blanchâtre. Les épines sont droites, roides, disposées par deux ou trois ensemble. Ses feuilles,
un peu velues, sont petites, à trois ou cinq
lobes arrondis, crénelés, incisés; elles sont portées, sur les branches adultes, par des pétioles
pendans : ces mêmes pétioles sont redressés sur
les branches de l'année. Les fleurs, d'un blanc
sale, naissent, solitaires ou par deux, de petits
bourgeons insérés dans l'aisselle des pétioles; elles
sont attachées à un petit pédicelle muni d'une ou
deux bractées, lequel est lui-même adhérent et
comme soudé à un petit appendice, qui n'est autre chose qu'un pédoncule avorté, absolument
semblable au pédoncule qui supporte les pédicelles
des fleurs des Groseilliers à grappes. Ce pédoncule
avorté est parfois très long. A ces fleurs succèdent une ou deux baies, rondes, verdâtres, couvertes, quand elles sont jeunes, de petits poils
mous qui tombent à leur maturité. Les divisions
du calice et le style sont persistans et couronnent
les baies.

OBSERVATIONS.

Ce Groseillier croît partout dans les haies, et dans les vallées des montagnes. LINNÉ a séparé cette espèce d'après les
baies lisses, et d'après la considération des baies hérissées,
ou presque épineuses. Mais on a reconnu que cette dernière
circonstance n'est pas un caractère spécifique, et qu'elle se
retrouve indifféremment sur le *Ribes uva crispa* et sur le
Ribes grossularia.

On cultive le Groseillier épineux depuis plusieurs siècles, en Angleterre et en Écosse, où on a obtenu par la culture plus de trois cents variétés, remarquables par leur forme, leur couleur ou leur grosseur.

Nous avons vu vivantes dans notre jardin, ou dans ceux de quelques amateurs, les variétés que nous allons décrire, et dont nous donnons les figures exactes. Les fruits qui sont énumérés sans description dans les ouvrages d'horticulture, seront mentionnés à la suite ; nous n'avons pas eu occasion de les observer.

Variétés du Groseillier épineux.

TOUTES ces variétés, quant au port, aux épines, aux fleurs, à leur disposition, sont semblables, à quelques modifications près, au *Ribes uva crispa,* dont nous avons traité. Il n'y a de différence que dans la forme, la couleur des feuilles, et dans la grosseur des fruits. Ainsi, nos descriptions seront courtes, et auront principalement ces organes pour objet.

α. GROSEILLIER A MAQUEREAU,
Ribes uva crispa, sativa.

FIG. 12.

R. *foliis latioribus subglabris, nitidulis, baccis nudis majoribus.* DELAM. Dict. p. 50. *Grossularia spinosa sativa.* BAUH. *Pin.* 455. TOURN. 639. BLACK. Tab. 277.

CET arbrisseau, très rameux, s'élève en buisson, dans les jardins, à la hauteur de trois à quatre pieds. Les feuilles sont un peu plus larges que dans l'espèce sauvage que nous venons de décrire. Les baies sont aussi plus grosses, de couleur verdâtre, lisses, et quelquefois chargées de poils.

C'est cette variété qu'on cultive depuis long-temps aux Prés Saint-Gervais et dans d'autres lieux aux environs de Paris, enfin dans tous les jardins.

C'est son fruit qu'on porte sur les marchés généralement avant sa maturité, et qui, à cette époque, peut tenir lieu de verjus pour assaisonnement des maquereaux, et aciduler les sauces.

β. GROSEILLIER A FRUIT LISSE,

Ribes grossularia.

Fig. 21.

La différence la plus notable qui existe entre cette variété et l'espèce, consiste dans la présence de poils plus ou moins longs, plus ou moins rapprochés, qui recouvrent les baies ; encore en trouve-t-on de parfaitement lisses sur le même arbrisseau. Ses rameaux sont droits et très épineux.

Linné l'a présenté comme une espèce, *Sist.* 3. pag 299; mais c'est évidemment une variété de l'*uva crispa.* Consultez Smith, *Flora brit.*, 1, p. 266.

Cet arbrisseau habite les mêmes lieux que le précédent.

γ. G. BLANCHE LISSE,

Ribes uva crispa, subalba.

Fig. 6.

R. *baccis albidis subhemisphæricis*, THORY. POIT. et TURP
Arb. fruit. Tab. 176.

DANS cette variété, les fleurs sont solitaires et d'un vert blanchâtre. Les rameaux sont armés d'épines roides. Les feuilles, vertes en dessus, plus pâles en dessous, sont supportées par un pétiole allongé. Elles sont plus souvent découpées à trois qu'à cinq lobes.

Le fruit, de forme ronde un peu allongée, est couronné au sommet par les divisions du calice, qui sont persistantes. Sa couleur est d'un blanc lavé de vert.

Le fruit de cette variété mûrit en juillet, et passe promptement. Sa saveur est un peu vineuse. Il est moins bon que celui des autres variétés.

δ. G. GROSSE VERTE LONGUE,

Ribes uva crispa, ovata.

Fig. 7.

R. *baccis elongato-ellipticis, atro virescentibus*. THORY. POIT.
et TURP. Arb. fruit. Tab. 174.

LES branches, dans cette variété, sont d'une teinte un peu plus grisâtre que dans les précédentes. L'arbrisseau est muni de longues épines, noirâtres sur les tiges adultes, d'un vert gai sur les pousses de l'année. Ses feuilles sont à cinq lobes, vertes en dessus, plus pâles en dessous, portées sur un pétiole assez long. Les fleurs sont solitaires, supportées par un petit pédicelle muni de deux bractées persistantes, attaché à un court appendice ou pédoncule qui naît des bourgeons qu'on voit dans l'aisselle des feuilles.

Le fruit est gros, fort allongé, et reste vert dans la maturité ; il est l'un des plus remarquables par sa beauté, son diamètre, et l'élégance des ramifications du placenta qu'on voit à travers l'épicarpe. On le cultive, aux environs de Paris, dans plusieurs jardins d'amateurs. Depuis quelques années on le vend, au mois de juin, dans les marchés publics et chez les marchands de comestibles. CHEVET a la gloire d'avoir, le premier, exposé ces belles groseilles à la curiosité des amateurs, qui se sont empressés d'en orner leurs desserts.

Cette variété se trouve parmi les groseilles qu'on présente aux dames, au spectacle, en Angleterre et en Écosse. Elle y est assez commune.

Le fruit est excellent, mais il faut le manger un peu avant son entière maturité.

ε. G. PETITE ROSE,

Ribes uva crispa, rosea.

FIG. 9.

R. *baccis hemisphæricis lævibus roseis.* THORY.

CETTE variété ne s'élève guère qu'à un pied ou un pied et demi, et reste beaucoup plus petite que les précédentes dans toutes ses parties. Ses tiges sont couvertes, ainsi que ses épines, d'un épiderme blanchâtre. Ses feuilles, vertes et luisantes sur les deux faces, sont portées par un pétiole muni à la base de quelques petites soies. Elles sont à cinq lobes assez profondément incisés, chaque lobe muni d'une petite pointe.

La fleur est portée sur un pédicelle très court, muni de deux bractées persistantes.

Sa baie, assez petite, ronde ou un peu oblongue sur le même arbrisseau, est lisse, d'un rose foncé, couleur qu'elle conserve jusqu'à sa maturité, et même lorsqu'elle est desséchée.

Le fruit n'est pas agréable au goût.

ζ. G. COULEUR DE CHAIR,

Ribes uva crispa, carnea.

FIG. 8.

R. *baccis ellipticis carneis.* THORY. POIT. et TURP. Arb. fruit Tab. 179.

CET arbrisseau est fort et vigoureux; ses branches sont armées d'épines fortes, brunes, droites ou horizontales. Ses feuilles, portées par un long pétiole, sont grandes, d'un vert obscur, luisantes en dessus, plus pâles en dessous, divisées en cinq lobes découpés. Les fleurs, solitaires ou géminées, sont supportées par un pédicelle muni de bractées. Les baies, grosses et ovales, sont velues, et d'une couleur carnée très agréable à l'œil. Elles mûrissent en juillet, et leur saveur est très agréable.

Est-ce la couleur de chair ronde, hérissée, de Noisette, n° 8?

n. G. RUBANNÉE,
Ribes uva crispa, vittata.

Fig. 10.

R. *baccis purpureis vittatis.* Thory.

Cet arbrisseau est semblable au précédent, quant au port, à la couleur du bois, la longueur et la disposition des épines. Ses feuilles sont vertes, vernissées sur les deux faces, à trois ou cinq lobes obtus, profondément incisés. Ses fleurs, portées par des pédicelles munies de deux bractées, sont d'un vert lavé de rouge, et leurs étamines sont de la longueur des pétales.

La baie est très remarquable dans cette variété.

On sait que les divisions du placenta, qui garnissent la peau interne de ces baies, sont apparentes sur l'épicarpe ou la peau extérieure du fruit, dans le *Ribes uva crispa* et ses variétés; mais qu'elles s'effacent à mesure qu'elles approchent de leur maturité, et finissent par disparaître.

Dans notre *vittata,* au contraire, non seulement ces divisions sont visibles sur les baies après leur maturité, mais encore elles sont rangées symétriquement et par bandelettes longitudinales, lorsque dans les autres variétés elles paraissent, à l'extérieur, confuses et ramifiées. Le fruit est un peu violet et allongé. Il mûrit en juillet, dure long-temps, et l'on peut encore offrir ses baies au mois de septembre; elles sont excellentes.

9. G. GROSSE VERTE RONDE,

Ribes uva crispa , virescens.

Fig. 11.

R. *baccis hemisphæricis viridulis.* Thory. Poit. et Turp. Arb. fruit. Tab. 175.

Groseillier à gros fruit verdâtre, feuilles luisantes. Bosc., vol. 7, p. 546, var. n° 4? Verte grosse lisse. Nois. *Man.* n° 26?

Ce Groseillier s'élève, en un buisson touffu, à la hauteur de plus de deux pieds. Ses épines, solitaires, géminées ou ternées, sont fortes et très acérées. Sa fleur est verdâtre, portée sur un pédicelle très court, muni de bractées et suspendu au rudiment d'une grappe avortée. Ses feuilles sont grandes , d'un vert obscur en dessus et plus pâle en dessous, vernissées des deux côtés, et portées par un pétiole assez court , eu égard à l'étendue du limbe de la feuille. Ce pétiole est velu à sa base.

La baie est lisse , ronde, d'un vert clair; elle est d'une saveur très sucrée. L'arbrisseau fleurit avec le *Ribes ovata* (la verte longue), et donne ses fruits dans le même temps.

1. G. A ÉPINES ROUGES,

Ribes uva crispa , spinis rubris.

R. *baccis roseis , setis purpureo-tinctis hirsutis.* Thory.

L'arbrisseau s'élève un peu moins que le précédent. Ses épines sont droites , noires sur le vieux bois, jaunes sur les branches de l'année. Les feuilles , d'un vert glauque, sont portées sur des pétioles velus. Les cinq pétales de la fleur sont un peu rougeâtres. Le pédicelle qui la supporte est muni de deux bractées rougeâtres aussi longues que la fleur, qui est solitaire, quelquefois géminée. La baie est d'une couleur de rose un peu plus foncée que celle qu'on remarque sur le *Ribes varietas rubra* (la petite rose); elle est couverte de pointes d'un rouge assez vif qui se détache de la couleur du fond , et présente à la vue un fruit charmant et d'une saveur excellente.

2. G. GROSSE VIOLETTE ANGLAISE,
Ribes uva crispa , violacea magna.

FIG. 14.

R. *baccis ellepticis purpureo-violaceis.* THORY.

M. LAUNOY DELACREUSE, horticulteur distingué, et qui cultive notre arbrisseau avec succès
dans ses jardins, au château de Plaisance, près
Paris, a bien voulu nous communiquer le beau
fruit dont nous donnons la figure. Nous ne dé-
crirons pas l'arbrisseau , parce que la baie ,
comme les branches qui nous ont été envoyées ,
proviennent d'un sujet greffé, et que ce genre
de multiplication a pu le dénaturer plus ou moins
dans quelques unes de ses parties. Nous nous
contenterons de donner un extrait de la lettre
qu'il a bien voulu nous écrire le 9 juillet 1827,
en nous faisant passer plusieurs exemplaires de
ce fruit. On y verra ce que les auteurs d'ouvrages
d'agriculture ne nous ont jamais dit en parlant
de la multiplication des Groseilliers : c'est qu'on
peut employer la greffe en écusson pour fixer
les belles variétés, expérience que nous avons
faite depuis long-temps.

« Je cultive , il est vrai, depuis quatre ou cinq
« ans, la belle espèce de groseilles à maquereau
« dont vous me parlez dans votre lettre.

« J'en possède trois variétés : la rouge , la
« blanche, la jaune.

« Je les ai toutes rapportées de Londres au
« mois de novembre 1822 : voici à quelle occa-
« sion. Je fis rencontre, dans ce pays, d'un cui-
« sinier qui avait été soutenir à Londres l'hon-
« neur français dans l'art culinaire, au repas qui
« fut donné à l'occasion du mariage de Charlotte
« d'Angleterre. Il me parla avec tant d'enthou-
« siasme de la beauté et de la supériorité de goût
« de cette magnifique variété dont il avait usé
« dans ses sauces, qu'il m'inspira un grand désir
« de l'avoir. Il eut la complaisance de me pro-
« curer lui-même les trois arbustes que je pos-
« sède encore.

« Ils étaient fort gros pour leur espèce; ils
« avaient au moins six lignes de diamètre, et me
« parurent avoir été greffés en fente.

« Ils végétèrent d'abord assez péniblement; je
« fus obligé de les faire arracher au bout de
« quelque temps pour les replacer dans une
« terre mieux préparée : ils ont alors repris, et
« depuis deux ans ils poussent avec force.

« J'ai essayé de faire greffer la variété rouge en
« écusson sur un Groseillier de notre pays; cette
« opération, faite avec soin par mon jardinier, il
« y a trois ans, a complétement réussi. Les six
« groseilles que je vous envoie proviennent de
« cet écusson; je vous en aurais donné un plus
« grand nombre si elles eussent été mûres. Vous

« remarquerez que celles que je vous adresse ne
« sont pas tout-à-fait à leur grosseur.

« L'arbre écussonné végète avec force ; ses
« branches latérales ont, cette année, poussé
« de deux pieds. Je vais faire marcotter celles
« qui sont le plus près de terre ; les autres sont
« un peu moins grandes, et elles vont en dé-
« croissant à mesure qu'elles approchent du faîte,
« en sorte que le port total de l'arbre compose
« une pyramide qui, dans ce moment, a de trois
« pieds à trois pieds et demi de haut : je lui laisse
« prendre cette forme. Les branches chargées de
« fruits que je vous adresse, ont été détachées
« des individus venus d'Angleterre ; je les ai fait
« prendre sur la branche principale, ne pouvant
« remplir la condition que vous m'imposiez de
« les couper au collet, à leur sortie de terre,
« puisque mes sujets ne produisent aucun jet, et
« que, s'ils en produisaient, le fruit serait d'une
« autre variété que celui de la greffe. »

La baie, dans cette variété, est de forme ellip-
tique d'un diamètre encore plus grand que celui
de notre figure, et d'une couleur pourpre violette. Elle mûrit au commencement de juillet.
Sa saveur et sa beauté la feront rechercher.

λ. G. BELLE AMBRÉE,
Ribes uva crispa, succinea.

R. *baccis succineis, glabris hispidisve.* Thory.

Groseillier à gros fruits jaunâtres et à feuilles luisantes ? Bosc, Dict. *l. c.* n° 9.

Groseillier jaune hérissé ? Nois. *l. c.* n° 13. Grosse ambrée lisse ? Le même n° 29. Ambrée lisse. Poit. et Turpin, Arb. fruit. Tab. 177.

Fig. 15.

A. Baies lisses. B. Baies hérissées.

Dans ces deux Groseilliers le vieux bois est grisâtre, muni d'épines un peu colorées et moins longues que celles du bois de l'année. Les feuilles, luisantes en dessus, glabres en dessous, d'un vert clair, sont portées sur d'assez longs pétioles munis de petites soies ; elles sont à trois ou à cinq lobes profondément incisés. Les fleurs, solitaires ou géminées, sont jaunâtres ; elles ont les pétales un peu plus courts que les divisions du calice. Le pédicelle qui les supporte, muni de deux petites bractées, est comme soudé à l'extrémité du rudiment d'une petite grappe.

Les fruits sont hérissés ou lisses, de couleur d'ambre. Quelques personnes leur trouvent une odeur un peu ambrée.

La variété hérissée est d'une forme à peu près arrondie.

Celle qui est lisse est un peu oblongue.

Ces baies mûrissent des premières, et sont

préférées à toutes les autres par leur saveur particulière. Elles ne durent pas long-temps.

μ. G. NÉGRESSE ,

Ribes uva crispa , subnigra.

FIG. 16.

R. *baccis subhæmisphericis, atro-purpureis, glabris hispi-*
disve. THORY.

A. Baie lisse. B. Baie hérissée.

LES branches de ces deux variations de la Négresse sont armées d'épines longues et robustes.
Les feuilles, dans le Groseillier qui produit les
baies lisses, sont petites, à cinq lobes profondément incisés, lisses et d'un vert blanchâtre en
dessus, glabres et plus pâles en dessous, portées
sur un long pétiole entièrement couvert de
duvet.

L'arbrisseau qui produit la variété hérissée
est plus vigoureux dans toutes ses parties. Les
feuilles sont grandes, lobées, et portées sur un
pétiole presque glabre. Dans les deux individus,
les fleurs et les bractées sont d'un vert légèrement coloré; elles sont solitaires ou géminées.
La baie qui leur succède est, quand le fruit
commence à mûrir, d'un pourpre presque noir
(*atro-purpurea*), couleur que ces fruits conservent jusqu'à leur parfaite maturité; c'est à cette
époque qu'elles paraissent parfaitement noires,

et se distinguent très bien des groseilles pourpres
ou violettes, dont la couleur devient plus foncée
à l'époque de la maturité.

v. G. SANGLANTE,

Ribes uva crispa, sanguinolata.

FIG. 17.

R. *baccis lacteis, sanguineo-maculatis.* THORY.

L'ARBRISSEAU, qui s'élève un peu moins que
le précédent, est armé de longues épines jaunâtres. Ses feuilles, d'abord d'une couleur verte,
claire, se couvrent en partie, à l'automne, d'une
teinte rougeâtre. Elles sont à trois ou cinq lobes
assez profondément incisés, découpés au sommet. Le pétiole qui les supporte est cilié à la
base. Les fleurs sont solitaires, d'un blanc sale,
attachées à un pédicelle muni de bractées un
peu colorées. La baie, d'un jaune assez clair,
est panachée de taches couleur de sang qui s'éten-
dent irrégulièrement sur toutes les faces de la
groseille.

Ce Groseillier, que nous avons obtenu de semis il y a quelques années, nous a donné, les
deux premières, des baies assez petites ; mais une
culture assidue, le retranchement d'une partie
des fleurs et des fruits les ont perfectionnées,
et, cette année, nous avons eu les beaux fruits
dont nous offrons la figure exacte.

ɔ. G. A LONG PÉDONCULE,

Ribes uva crispa, longipedata.

Fig. 18.

R. *baccis lutescentibus, pedonculis elongatis.* Thory.

CET arbrisseau est en tout semblable aux précédens, quant aux tiges et aux épines. Les feuilles sont d'un vert foncé en dessus, plus pâles en dessous; elles sont portées sur de longs pétioles couverts de duvet. La fleur est encore d'un blanc sale; il lui succède des baies longues jaunâtres, supportées par un pédicelle muni de bractées persistantes, attaché et comme soudé à un pédoncule qui semble tiré et allongé par une force supérieure; ce pédoncule est long de près de quinze lignes.

La groseille est toujours solitaire. Sa saveur est excellente. Elle reste sur les branches jusqu'à la fin d'août.

ξ. G. A DEUX COULEURS,

Ribes uva crispa, discolor.

Fig. 19.

R. *baccis albidis, hemisphæricis, fulvo-maculatis.* Thory.

LES branches adultes de l'arbrisseau sont grisâtres et munies d'épines de la même couleur; celles de l'année sont jaunâtres, avec des épines longues et fortes. Les feuilles, à trois ou cinq lobes, sont de couleur glauque en dessus, plus pâles en dessous. Les fleurs, solitaires ou géminées, sont portées par un pédicelle muni de deux petites bractées de la couleur des cinq pétales qui sont petits et verdâtres; ce pédicelle est suspendu à un pédoncule très court. La baie est ronde, blanchâtre, ornée, sur l'un de ses côtés, de taches jaunâtres irrégulières, qui lui donnent l'aspect d'un fruit de deux couleurs. Cet accident est constant, et nous l'avons remarqué, pendant plusieurs années, sur un arbrisseau venu de nos semis.

La groseille mûrit au mois de juillet, et se montre avec les mêmes maculatures jusqu'à la fin d'août, moment de sa blétissure. La baie est très sucrée et d'un goût excellent.

22. G. A FEUILLES D'AUBÉPINE.
RIBES OXYACANTHOIDES.

R. *aculeis majoribus, et subsolitariis ad gemmas, minoribus undique sparsis; baccis glabris bigeminis.* DELAM. Dict. p. 51. DILL. ELTH. T. 159. Fig. 166.

R. *ramis undique aculeatis. Hort. ups.* 51. *Grossularia, oxyacanthæ foliis amplioribus, e sinu hudsonis. Pluk. amalth.* 212.

CET arbrisseau, très rameux, s'élève à deux ou trois pieds. Il est armé d'aiguillons nombreux très fins, inégaux, un peu mous. Les feuilles, grandes, divisées en trois lobes découpés au sommet et sur la bordure, sont glabres, vertes, et portées sur un pétiole velu et muni de quelques petites épines. Les fleurs, solitaires ou géminées, sortent des bourgeons qui se trouvent dans l'aisselle des feuilles; elles sont penchées et d'un jaune clair. Les baies, de la forme et de la grosseur de celles du *Ribes rubrum*, sont d'un pourpre bleuâtre, et légèrement acides.

OBSERVATIONS.

Les feuilles de cette espèce sont plus grandes qu'elles ne le sont ordinairement sur les Groseilliers épineux. Elle croît au Canada, d'où MICHAUX l'a rapportée. Elle est cultivée en France dans les jardins de botanique. Elle fleurit en avril et mai.

25. GROSEILLIER A FRUIT PIQUANT.
RIBES CYNOSBATI.

Fig. 25.

R. aculeis subaxillaribus, baccis aculeatis racemosis. MILL. Dict. n° 5. Jacq. Hort. T. 125. D. C. Bot. cult. 5, 506.

ARBRISSEAU de quatre à cinq pieds, ayant tout le port du précédent. Les feuilles sont à trois ou cinq lobes, d'un vert blanchâtre et peu découpés; on remarque une petite épine jaunâtre et caduque à leur insertion. Le tube du calice est seulement hispide, et non pas épineux au moment de l'anthèse. Les fleurs parfois solitaires, mais souvent ternées, sont d'un jaune verdâtre, supportées par de petits pédicelles munis de bractées, attachés à un pédoncule commun. Les baies, verdâtres, de la grosseur d'une noisette, sont armées de petites épines qui résistent au toucher.

OBSERVATIONS.

Ce Groseillier, fort rare en France, est cultivé dans les jardins des amateurs de botanique. On le trouve au Canada et à la baie de Hudson. Sa baie a beaucoup de rapport avec celle de notre *Ribes subnigra*, variété épineuse. Voyez *fig.* 1, B.

Groseilliers épineux moins connus que les précédens.

24. GROSEILLIER RENVERSÉ.
RIBES RECLINATUM.

R. (*reclinata*) *ramis subaculeatis reclinatis, pedunc. bractea triphylla.* Linn. *Hab. in Germania, Helvetia.* ♄.

LES branches de celui-ci sont renversées, les bractées triphylles. On le trouve en Suisse et en Allemagne.

25. GROSEILLIER GRÊLE.
RIBES GRACILE.

R. *spina subaxillari; fol. petiol. gracilibus, utrinque pubescentibus, lobis acutis dentato-incisis; pedunc. capillarib. sub-
bifloris; cal. tubulato-campanulatis glabris.* Michaux, *l. c.*
Habit. *in montibus Tennasséé.*

Ses feuilles et leurs pétioles sont munis de
poils fins et longs : les pédoncules sont biflores,
et les calices glabres et turbinés.

26. GROSEILLIER HISPIDE.
RIBES HIRTELLUM.

R. *spinula subaxillari, ram. subhispidis; fol. parvis semitri-
fidis, lobis subdentatis; pedunc. 1-floris, bac. glabra rubra.*
Michaux. *in Amer. boreal. saxosis, ad amnem Sagney.* ♄.

Dans celui-ci, les lobes des feuilles sont à
peine dentés. Les pédoncules sont uniflores et
la baie rouge.

27. GROSEILLIER A FEUILLES RONDES.
RIBES ROTUNDIFOLIUM.

R. *spina subaxillari; fol. suborbiculatis, lobis subrotundo
obtusis; pedunc. 1-floris, limbo calyc. tubuloso, bacca glabra.*
Michaux. p. 111. *Hab. in Carolinæ montib. excelsis.*

Dans ce Groseillier, les épines sont subaxil-
laires, à pédoncules uniflores et à baies glabres.

Michaux l'a trouvé dans l'Amérique septentrionale.

Groseilliers épineux que les auteurs ont indiqués par des noms, sans description.

Tournefort, *Institutions de Botanique.*

(Extrait de ses instituts.)

Les espèces de Groseilliers sont :

1. Le Groseillier à baie simple ou Groseillier épineux, sauvage. C. B. *Pin.* 455. (*Uva crispa sive Grossularia.* J. B. 1, 47. *Uva crispa. Dod. Pempt.* 748.)

2. Le G. épineux cultivé. C. B. *Pin.* 455. (*Grossularia majore fructu. Clus. hist.*)

3. Autre G. épineux cultivé, à feuilles plus larges. C. B. *Pin.* 455. (*Grossularia spinosa, fructu obscurè purpurascente.* J. B. 1, 48. *Grossularia fructu obscurè purpurascente. Clus. hist.* 120.)

4. Le G. non épineux à baie simple, bleue. C. B. *Pin.* 455.

5. Le G. ou raisin crépu, les baies blanches, rondes, très grandes. H. *Edimb.*

6. Le G. à fruit quasi géminé. H. *Edimb.*

7. Le G. à baies multipliées ou G. non épi-

neux, ou G. des boutiques. C. B. *Pin.* 455. (*Ribes vulgaris, acidus, ruber. J.* B. 2, 97. *Ribesium fructu rubro. Dod. Pempt.* 749.)

8. Le G. des jardins à grand fruit rouge. C. B. *Pin.* 455. (*Ribes flore rubente.* J. B. 2, 98. *Ribes ij., genus amplioribus foliis et majore fructu. Clus. hist.* 119.)

9. Le G. des jardins, à grand fruit blanc. H. R. *Par.*

10. Le G. à baies distinctes. C. B. *Pin.* 455. (*Ribes monocarpos.* J. B. 2, 98.)

11. Le G. des jardins à fruits semblables à des perles. C. B. *Pin.* 455. (*Ribes vulgaris, acidus; albas baccas ferens.* J. B. 2, 98. *Ribes vulgaris albo fructu. Clus. hist.* 120.)

12. Le G. vulgaire à fruit doux. C. B. *Pin.* 455. *Clus. hist.* 120. (*Ribes nigrum vulgo dictum, folio olente.* J. B. 2, 98. *Ribesium fructu nigro. Dod. Pempt.* 749.)

13. Le G. non épineux à petit fruit noir. C. B. *Pin.* 455. Cassis.

14. Le G. d'Amérique à feuilles très grandes du plantain. *Plum.*

15. Le G. d'Amérique à feuilles larges du plantain, à fruit très petit et bleu. *Plum.*

16. Le G. d'Amérique à feuilles glabres et fleurs roses. *Plum.*

17. Le G. oriental, à feuilles glutineuses et comme hérissées, à fruit doux en grappe.

18. Le G. oriental non épineux, fétide, à fruit rouge en grappe.

19. Le G. d'Amérique à feuilles de plantain, étroites, hérissées. *Plum.*

N. B. Les quatre plantes rapportées ici par TOURNEFORT comme étant des Groseilliers, d'après PLUMIER, sont des Mélastomes.

Jardins d'Horticulture de Londres.

Cette collection nous a été généreusement envoyée en 1827. Les sujets sont tous repris, excepté le n° 11.

Plants of Gooseberries for M. THORY.

Red.

1. Erly Black.
2. Red Champagne.
3. Raspberry.
4. Wilsmot, Early Red.
5. Brathertons, Huntsman.
6. ——— Over-All.
7. Wards, Richmond Hill.
8. Graves's Smolensko.
9. Lomas's Victory.
10. Brathertons, Pastime.
11. Boardmans British croron.

Yellow.

12. Golden Ball.

13. Yellow Champagne.
14. Rumbullion.
15. Hill, Golden Gourd.
16. Lay's Golden Queen.
17. Andrew's Nelson, Wave.
18. Heywood, invincible.

Green.

19. Masseys Heart of Oak.
20. Wainmans, Green Ocean.
21. Briggs independant.
22. Edward, Jolly Far.
23. Gregory's perfection.

White.

24. White chrystal.
25. Woodward, whitesmith.
26. Cheshire Lass.
27. Beaumont, Smiling Beauty.
28. Semson, Queen-Anne.
29. Peer's Queen-Charlotte.
30. Large Early white.

Bosc, *Nouveau Cours complet d'Agriculture,*
vol. VII, p. 546.

GROSEILLIERS ÉPINEUX.

1. Le commun à fruit blanc.
2. Le commun à fruit rouge.
3. A gros fruit rouge, couvert de duvet.

4. A gros fruit verdâtre, feuilles luisantes.

5. A fruit blanc moyen, feuilles vernissées.

6. A fruit moyen et à feuilles gluantes.

7. A fruit rouge et à feuilles légèrement velues.

8. A gros fruit violet, hérissé de courtes pointes roides.

9. A gros fruits jaunâtres et à feuilles luisantes.

10. A gros fruit oblong, blanchâtre, et à feuilles luisantes.

11. A gros fruit blanchâtre, hérissé de pointes roides.

12. A gros fruit violet, hérissé de pointes roides.

Noisette, *Manuel du Jardinier*.

GROSEILLIER A MAQUEREAU.

Cette espèce a fourni un grand nombre de variétés, dont la plupart ont été obtenues de graines dans notre établissement. En voici le tableau :

A. Fruits verts ou jaunes.

A. *Fruits hérissés.*

1. Des bois, à fruits verts.
2. Des bois, à fruits ambrés.
3. Grosse blanche, à nervure pâle.

4. Petite, hérissée.

5. Jaune, hâtive.

6. Petite jaune, tardive.

7. Grosse verte ronde, hérissée.

8. Couleur de chair ronde, hérissée.

9. Verte blanche.

10. Verte longue, légèrement hérissée.

11. Blanche, hérissée.

12. Blanche ronde, hérissée.

13. Jaune, hérissée.

14. Jaune longue, hérissée.

15. Verte longue, très hérissée.

16. Calebasse couleur de chair, superbe.

17. Cornichon.

B. Fruits lisses.

18. Des bois.

19. Auriculée.

20. Grosse verte longue, lisse.

21. Verte longue, lisse.

22. Verte commune, lisse.

23. Verte ronde, lisse.

24. Verte blanche, lisse.

25. Verte grosse, lisse.

26. Grosse blanche, lisse.

27. Blanche, lisse.

28. Grosse olive, superbe espèce.

29. Grosse ambrée, lisse.

30. Petite jaune, tardive.

B. Fruits rouges ou violets.

A. Fruits hérissés.

31. Couleur de chair ronde, hérissée.
32. Couleur de chair longue, hérissée.
33. Violette ronde, tardive, hérissée.
34. Violette ovale, hérissée.
35. Violette longue, hérissée.
36. Violette très longue, hérissée.
37. Violette hérissée.
38. Petite violette ronde, très hérissée.
39. Petite pourpre, hérissée.
40. Grosse pourpre, hérissée.

B. Fruits lisses.

41. Rouge commune, lisse.
42. Très grosse ronde, lisse.
43. Petite musquée, lisse.
44. Très grosse violette nouvelle d'Angleterre.
45. Violette ronde, lisse.
46. Violette ovale, lisse.
47. Violette turbinée, lisse.
48. Couleur de chair longue, lisse.
49. Grosse lobée.
50. Mignonne.

Les Anglais comptent plus de trois cents variétés de Groseilliers épineux; nous en avons

fait venir la plus grande partie en mars 1825, mais nous n'avons pas encore vu les fruits. Pages 576-578. Vol. II. *Manuel complet du Jardinier*. NOISETTE (Louis), vol. in-8°, 1825.

CHAPITRE III.

De la Culture du Groseillier.

INTRODUCTION.

Un savant distingué, connu des horticulteurs par ses recherches sur la Botanique appliquée à l'Agriculture et aux Arts, M. Dutour a dit, en parlant du Groseillier à grappes rouges (R. *rubrum*) : « Quelque cultivée que soit cette es-« pèce, elle ne l'est pas encore assez en raison « des avantages diététiques qu'on peut retirer « de ses fruits, soit frais, soit desséchés, soit « en confitures, en sirops, etc. »

D'après cette autorité, et celle d'autres naturalistes, on se demande avec étonnement pourquoi un arbrisseau si utile est pour ainsi dire dédaigné dans nos jardins, et abandonné pour sa culture, à l'arbitraire de jardiniers qui l'estiment moins qu'une plante du potager? En recherchant les causes de cet abandon, nous avons cru les trouver dans les différens ouvrages d'agriculture ou d'horticulture qui ont été publiés jusqu'aujourd'hui, dans lesquels il n'est

fait qu'une mention très succincte de notre arbrisseau, avec des instructions bannales sur la
manière de le conduire; instructions que les
dernières personnes qui les ont données, ont
empruntées, même copiées dans des écrits qui
ont précédé leurs ouvrages. C'est ainsi que les
principes d'une mauvaise culture se sont perpé-
tués parmi nos jardinistes.

En effet, si l'on s'en rapporte à la plupart des
ouvrages d'agriculture, les Groseilliers *poussent
et donnent leurs fruits partout ; ils ne demandent aucun soin : toutes les expositions leur
conviennent ; ils s'accommodent de tous les terrains. Il faut les planter dans les jardins aux
lieux abrités, sous les arbres et à des places
privées des rayons solaires où d'autres plantes
ne réussiraient pas, ou végéteraient péniblement,* etc.

Nous le dirons hautement, et l'expérience le
démontre tous les jours, ces théories sont men-
songères, et l'arbrisseau placé et dirigé d'après
ces principes languit, perd ses feuilles avant la
maturité de ses fruits ; ses grappes peu fournies,
et ses baies très petites et aigres viennent trom-
per l'espoir du cultivateur trop confiant, que
l'expérience ne corrige pas, et que la routine
entraîne toujours. Nous ne voulons parler ici
que des Groseilliers cultivés dans nos jardins,

car la culture de ceux qu'on traite en grand, aux environs des villes, est mieux entendue, quoique imparfaite encore.

Aujourd'hui que l'art du jardinier est fondé sur le raisonnement et l'expérience, qu'il s'est éclairé des découvertes de nos botanistes sur la physiologie des végétaux, tous ces préjugés ont disparu, et l'on est convaincu que, pour obtenir des arbrisseaux vigoureux et de beaux fruits, il faut donner aux Groseilliers une culture raisonnée et conforme à celle qu'on a, jusqu'à présent, réservée à nos plus beaux arbres à fruit.

C'est pour contribuer à détruire ce qui pourrait rester de vieux préjugés sur la culture de cet arbrisseau et l'art de le conduire que nous avons entrepris ce Traité.

Nous dirons ce que nous avons appris et ce que nous avons vu : nous exposerons les résultats de notre culture.

Puissent les jardinistes apprendre qu'on peut, en cultivant bien le groseillier, obtenir des résultats tels qu'ils deviendront l'ornement des jardins par leurs beaux fruits, et qu'ils pourront procurer un grand avantage aux propriétaires qui envoient leurs récoltes dans les marchés publics.

On ne cultive généralement dans les jardins

que quatre espèces de Groseilliers pour leurs fruits, savoir :

Le Groseillier commun (*Ribes rubrum*) et ses variétés.

Le Cassis (*Ribes nigrum*).

Le Groseillier à maquereau (*Ribes uva crispa*) et ses précieuses variétés.

On ne cultive, pour l'ornement, que le Groseillier des Alpes (*Ribes alpinum*).

Le Groseillier doré (*Ribes aureum*).

Le Groseillier à feuilles palmées (*Ribes palmatum*).

Tous les autres sont de simple curiosité.

Les trois derniers servent à orner les massifs; ils n'exigent pas d'autre culture que celle qu'on donne aux arbustes qui parent cette partie de nos jardins; c'est pourquoi nous n'en parlerons pas. Nous ne nous occuperons que des trois autres dont les produits doivent former une branche intéressante de l'économie rurale.

TERRE, ENGRAIS, EXPOSITION QUI CONVIENNENT AUX GROSEILLIERS.

Terre.

Quoi qu'en disent les écrivains agronomes, le Groseillier, pour prendre tout l'accroissement dont il est susceptible, donner des fruits sucrés

et beaux, exige une bonne terre, bien ameublie
et analogue à celle qui lui a été destinée par la
nature.

Avant de faire une plantation de Groseilliers,
un horticulteur instruit doit savoir dans quels
lieux croissent ces plantes, dans quels terrains
elles végètent, à quelle sorte de terre enfin la
nature les a affectées. Un des grands avantages
de la science, est de faire connaître au cultivateur la terre la plus propre à la culture qu'il
entreprend : elle lui enseigne à trouver les principes nutritifs, nécessaires à ces arbrisseaux,
quand il ne les rencontre pas dans son terrain.

Les sols humides ne conviennent pas au Groseillier, parce que les arbrisseaux s'y couvrent
de mousses et de lichens, et que les champignons les font périr.

Les terres blanches et crayeuses ne sont pas
fertiles et renferment peu d'humus. Les terrains
caillouteux ne sont fertiles que dans les années
humides et chaudes en général, mais la bêche y
pénètre difficilement.

Les terres argileuses ne lui conviennent pas
davantage, il n'y vit pas long-temps.

Mais quelle est donc la terre qui convient à
notre arbrisseau? Étudions la nature, et nous
la connaîtrons bientôt. La question sera réso-
lue par la recherche des lieux où il croît, et

la terre dans laquelle il végète naturellement.

Le Groseillier croît spontanément partout.

Non seulement la France, l'Angleterre et l'É-
cosse l'offrent aux regards des naturalistes, mais
on le trouve encore dans les pays situés sous
les tropiques d'Asie, d'Afrique et d'Amérique;
dans toute l'Europe, au nord et au midi : la
Hongrie, la Laponie, la Suède, la Russie, la
Sibérie, la Tartarie, et ailleurs. Le capitaine
Herbert, lors de son voyage dans l'Hymalia et
aux frontières de la Chine[1] fait en 1819, trouva,
dans ces contrées, une immense quantité de
Groseilliers à fruits rouges. Son expédition avait
un but militaire; on voulait savoir en Angleterre, si les montagnes du Thibet, couvertes,
près des tropiques, de neiges éternelles, étaient
une barrière destinée par la nature à séparer
perpétuellement les empires de l'Asie, ou si une
troupe armée pouvait les franchir. Il établit son
camp à 5400 mètres au-dessus du niveau de la
mer. Là les forêts avaient disparu; mais les gené-
vriers, les *Groseilliers noirs et rouges* donnaient

---

[1] *Revue britannique*, n° 19, Janvier 1827, p. 119.

Les monts Hymalia séparent l'Indoustan du Thibet et de
la Tartarie : c'est au milieu de ces aspérités que se trouvent
les trois sommets les plus élevés du globe. L'Hymalia, à
cause de sa prodigieuse hauteur, jouit d'une température
semblable à celle de l'Europe.

encore leurs baies. On remarqua dans cette station *une nouvelle variété de groseilles rouges dont les fruits étaient très doux et sans aucune acidité*. Le lendemain, les voyageurs atteignirent 4000 mètres. Mais là il n'y avait plus de végétation.

Le capitaine Herbert a encore trouvé d'excellentes groseilles autour d'un village nommé Tachigang, de la domination chinoise, situé sur le penchant de la montagne Pierkyul.

On rencontra moins fréquemment à la vérité le Groseillier dans les vallées des montagnes des pays très chauds. L'Espagne, l'Italie, le Portugal, la Médie et l'Arménie le présentent plus rarement.

Mais dans quels sols les Michaux, les Pallas et les autres intrépides voyageurs les ont-ils donc trouvés? Dans quelle terre végétaient ces arbrisseaux? Leurs ouvrages vont nous répondre. C'est dans les vallées des montagnes, les fentes des rochers, la lisière des forêts, les troncs d'arbres abandonnés, le creux des vieux saules, enfin partout où la nature et les diverses révolutions du globe ont accumulé et accumulent encore tous les jours de nombreux dépôts de feuilles, d'immenses débris de végétaux.

Ce qui précède démontre suffisamment, 1°. que notre arbrisseau, pour prospérer, a besoin d'air, de lumière et de chaleur, puisque la nature l'a déposé dans des lieux propres à recevoir leur influence, que, privé de ces trois agens, et placé sous des arbres à l'ombre, il sera toujours faible, et, sinon stérile, au moins pourvu de peu de fruits ; 2°. que, plus la terre à laquelle on confiera le Groseillier aura d'épaisseur, plus on y ajoutera d'humus végétal ou animal, plus elle donnera de chance de succès, parce que les racines pourront s'y enfoncer et y circuler librement.

Le Groseillier demande donc une terre franche, douce, légère et fraîche sans être humide ; lorsque le jardin ne présente pas ces avantages, quand la terre n'est pas convenable à sa plantation, l'horticulteur doit en composer une.

Si l'argile domine dans la terre du jardin, ou si le fond est de terre forte, il devra le préparer par des labours multipliés et l'améliorer par des engrais. Ces terres, en général, conservent peu l'eau des pluies, et, ainsi que nous l'avons dit, le Groseillier a besoin d'une terre fraîche.

Nous n'entreprendrons pas ici de détailler tout ce qu'il convient de considérer lorsqu'on prépare une terre propre à recevoir une plantation de Groseilliers. Les horticulteurs instruits, qui auront étudié la marche de la nature, le comprendront assez. Nous nous contenterons d'exposer dans la suite les travaux que nous avons fait exécuter à cet égard.

Engrais.

Les engrais qu'on emploie, soit pour composer les terres, soit pour rendre au sol sa vertu végétative, et obtenir de meilleurs produits, sont en grand nombre. Nous indiquerons ceux qui, dans notre culture, nous ont conduits à accélérer la végétation et améliorer le produit de nos Groseilliers. Les engrais dont nous avons vu faire usage sont :

Le fumier de cheval, d'âne, de cochon, de bœuf, de vache, de lapin, de pigeon, ou la colombine ;

La poudrette qui provient de substances végétales, animales, ou des excrémens de l'homme ;

L'urate ou l'urine dont l'eau est absorbée avec du plâtre ;

Enfin, en général, le terreau qui est le résultat de la décomposition de toutes les substances animales et végétales.

Les terres légères heureusement combinées n'exigeront qu'une petite quantité de ces substances. Mais celles qui sont infertiles et médiocres seront infailliblement améliorées par un mélange bien entendu de l'un ou de plusieurs de ces engrais.

On a remarqué que le terreau neuf est celui qu'on emploie le plus avantageusement pour allégir les terres fortes et les rendre plus propres au succès de cette culture.

Ainsi, moitié terre franche, un quart de terreau bien consommé et neuf, un quart de sable de bruyère, formeront un engrais très propre à mélanger avec les terres fortes, et à les alléger de manière à laisser les racines des Groseilliers s'étendre de toute part. Ils se fortifieront du pied et pousseront facilement des tiges de leur racine.

Exposition.

A quelle exposition plantera-t-on ces arbrisseaux? Les mettra-t-on au nord et dans une position ombragée, ainsi que le conseillent quelques uns? Nous proscrivons ce procédé comme nuisible aux arbrisseaux et à leur produit. Toute plante ombragée ne pousse pas ou s'étiole; elle perd ses feuilles, et n'obtient tout au plus qu'une végétation imparfaite. L'exposition à un trop grand soleil ne conviendrait pas au Groseillier; ainsi placé, il se défeuille promptement, et les fruits se dessèchent souvent au moment de leur maturité. Le nord ne lui convient pas davantage. Ainsi exposé, ses grains coulent souvent, ou les grappes sont maigres et les fruits plus acides.

Il faut, pour éviter ces inconvéniens, le planter au levant, mais l'éloigner nécessairement des arbres qui l'ombrageraient et le priveraient de lumière, d'air et de la chaleur nécessaire à la maturité du fruit. On croit, parce qu'il ne gèle jamais, devoir le planter aux lieux couverts et abrités, c'est une erreur : par ce procédé on n'obtient que de petits fruits, et une récolte moins abondante.

MULTIPLICATION DU GROSEILLIER.

Le Groseillier se multiplie,

1°. Par les semis ;

2°. Par éclat ou séparation des racines ;

3°. Par marcotte ;

4°. Par bouture ;

5°. Par la greffe.

Nous allons successivement passer en revue ces divers modes.

Semis.

La multiplication du Groseillier par le moyen du semis de ses pepins est, ainsi que le dit Bosc, le seul moyen de conserver à l'espèce la vertu prolifique, et de se procurer des variétés nouvelles. Jamais, en effet, sans le semis nous n'eussions obtenu ces groseilles blanches dont les baies sont si belles et beaucoup plus douces que celles de l'espèce. Les confiseurs, à Paris, n'auraient pas la petite groseille rousse de Croissy, la meilleure pour faire les gelées, parce qu'elle est la plus sucrée de toutes : nous l'avons figurée dans cet ouvrage.

Quelle est encore la cause de cette négligence? Il faut l'attribuer, nous l'avons déjà dit, aux ouvrages généraux d'agriculture. « On « n'emploie jamais celui des semences, disent-ils, « parce qu'on jouit plus promptement par le « moyen des boutures et des marcottes si faciles « à faire. » Mais ce moyen reproduit servilement les mêmes fleurs, les mêmes fruits, et enlève tout espoir d'en obtenir de nouveaux. « Généralement on ne sème pas le Groseillier » , dit un auteur justement renommé d'ailleurs par de très bons ouvrages d'horticulture , « parce « qu'il suffit au printemps ou à l'automne de « couper une branche, de la planter à quatre « ou cinq pouces, même l'extrémité haute de la « branche en bas, pour qu'elle donne du fruit « dans la même année. »

Il est vrai que dans la période qui suit celle que nous venons de transcrire, il dit : « En se- « mant le Groseillier, à la volée ou en rayons « à l'automne, ou aussitôt la maturité dans une « terre bien meuble, et de manière à ce que les « semences soient très légèrement couvertes de

« cette terre (deux à trois lignes), on obtient
« des variétés intéressantes, et toujours plus
« vigoureuses. »

Tous les principes de la reproduction du
Groseillier par les semis se trouvent dans ces lignes. On voit que l'auteur, dans la première période, a voulu nous indiquer l'usage général, et
que dans la seconde il nous a exprimé toute sa
pensée.

A quoi bon, pourtant, accréditer des théories qui, quoiqu'usitées et bonnes en elles-
mêmes, tendent à détourner l'agriculteur du
moyen des semis, en lui donnant celui des boutures, comme plus prompt et dans l'intérêt de
celui qui plante?

Mais le moyen des boutures accélère-t-il les
jouissances du cultivateur? Nous allons démon-
trer qu'il est d'un avantage presque nul, en com-
parant les résultats des deux procédés, celui
du semis et celui de la bouture. Ils nous sont
très familiers, nous les employons depuis long-
temps.

Au commencement de l'automne de 1820,
nous avons semé des pepins du Groseillier dans
une terre forte, mélangée de terreau bien consommé. Ce semis a été fait dans des caisses
longues de trois pieds sur une largeur de dix-
huit pouces, un pied de profondeur, et nous

les avons fait placer au pied d'un mur au couchant.

Les graines ont levé la première année, c'est-
à-dire au printemps de 1821. Nous les avons
entretenues fraîches pendant tout le cours de
l'été, et nous les avons éclaircies.

Au printemps de 1822, le plan ayant acquis
la hauteur de quatre à cinq pouces, nous l'avons
fait lever avec les précautions usitées, et mettre
en place à quatre pieds de distance, dans une
plate-bande bien amendée.

Au commencement de 1823, le plan avait acquis de la force, le pied principal était vigoureux, et des drageons étaient sortis circulaire-
ment de la racine.

L'année suivante, 1824, nous avons obtenu
quelques branches latérales, et quelques grappes
sur le bois de l'année précédente.

En 1825, nos arbrisseaux étaient pleins de
vigueur, couverts de fruits, qui ont fourni am-
plement à tous les usages domestiques.

Ce ne fut qu'en 1824 que nous fîmes donner un labour à la bêche et couvrir d'engrais
les racines : d'ailleurs la plate-bande avait
été binée et entretenue propre depuis la plantation.

Ainsi, notre expérience nous a appris qu'on
jouit déjà des fruits du Groseillier semé la qua-

trième année, et qu'il est en plein rapport, branchu et vigoureux, la cinquième.

Examinons maintenant les résultats de la multiplication de notre arbrisseau par bouture.

Une bouture faite dans une terre bien préparée, de manière que les yeux qu'on laissera sortir de terre soient au nombre de deux ou trois, au plus, prendra racine au printemps. De quelque manière qu'elle soit plantée, soit dans sa position naturelle, soit la tête de la branche en terre et le talon en dehors, elle ne donnera pas de fruits la première année de la reprise. C'est une erreur de croire qu'il en peut être autrement. Si cela est, le cas doit être extrêmement rare, nous ne l'avons jamais observé.

La seconde année, la plante prendra de la force; elle buissonnera en raison de l'étendue et du bon état de ses racines; elle est en état d'être transplantée. Elle donnera quelques grappes cette année.

La troisième année, si elle est confiée à un terrain bien préparé, elle aura pris de la force, elle poussera des drageons de la racine; des branches latérales sortiront de la tige principale, et le bois des deux années précédentes donnera des fruits peu abondans à la vérité.

En supposant que dans l'hiver qui suivra cette troisième année on ait labouré, découvert et fumé les racines, exactement biné le terrain, la bouture deviendra au printemps suivant, ou la quatrième année, un buisson parfait et touffu, susceptible de donner beaucoup de grappes.

Cet arbrisseau toutefois ne sera en pleine récolte, c'est-à-dire susceptible de donner au propriétaire six à sept livres de groseilles, que la cinquième année.

On peut, d'après cela, juger quelle différence existe entre le semis et les boutures. Nous l'établirons dans le tableau suivant.

Tableau de comparaison entre la multiplication du Groseillier par le procédé des semis ou celui des boutures.

SEMIS.	BOUTURE.
1re *Année :* Point de fruits.	1re *Année :* Pas de fruits.
2 —— idem.	2 —— Quelques grappes.
3 —— idem.	3 —— Plusieurs grappes, mais peu abondantes.
4 —— Quelques fruits.	4 —— Buisson parfait susceptible de produire des grappes abondantes.
5 —— Pleine récolte.	5 —— Pleine récolte.

A la lecture de ce tableau, ou pourra juger de la différence des produits qu'on obtiendra de ces deux manières de multiplier le Groseillier. On voit que dans la quatrième année la bouture aura produit un buisson parfait, qui donnera d'abondantes grappes, lorsque la semence n'aura produit qu'un buisson et quelques fruits, mais

que la cinquième année les deux buissons sont
en plein rapport : la différence est trop petite
pour que le cultivateur néglige le moyen des
semis.

Il y a plus, c'est que la cinquième année, le
buisson venu de semis est plus gros et mieux
fourni de branches que celui venu de boutures.
Nous l'engageons donc à essayer les semis, et à
s'écarter de la routine à cet égard. Il aura la
chance d'obtenir des baies plus grosses, peut-
être la gloire de fournir aux botanistes des espèces nouvelles, enfin de conserver au Groseillier
sa vertu germinative. [1]

Cette digression nous a écarté de notre sujet,
nous allons le reprendre.

On sème les pepins du Groseillier à l'automne
ou au printemps.

Les semis d'automne seront faits aussitôt la
cueillette des fruits dans leur plus parfait état de

---

[1] Nous ignorons trop sans doute jusqu'à quel point nous
parviendrons à diriger et modifier ce que l'on appelle *hasard*
ou *jeu de la nature*. Les semis offrant des créations et des
combinaisons infinies, les effets ont dû être souvent, pour
l'homme cultivateur, des sujets d'observation et de profondes
méditations ; mais la durée de la vie est si courte, si traver-
sée, qu'elle ne nous permet pas toujours de conduire jusqu'à
leur dernier résultat les plus simples expériences. (LELIEUR,
De la Culture du Rosier, p. 61).

maturité. Pour cela, on les écrasera dans un tamis de toile. Le jus et la pulpe étant ôtés, on les semera en rayons dans une plate-bande au couchant, on les couvrira de peu de terre, qu'on unira légèrement avec un petit râteau. On répandra sur le semis un lit de terreau, et on les arrosera.

Les semis du printemps se feront de même, mais il faudra stratifier les pepins.

Ces semis exigent de fréquens binages.

Au printemps, on pourra semer ces pepins à la volée, mais alors les mauvaises herbes seront soigneusement arrachées à la main, et le semis sera arrosé souvent.

Si le cultivateur craint l'attaque des animaux nuisibles, il pourra semer en pots ou en terrines, et mieux encore dans des caisses longues et étroites, et disposées pour l'écoulement facile des eaux pluviales. C'est ce dernier moyen que nous avons toujours employé avec succès; il faut garnir le fond de la caisse de sable et de cailloux de l'épaisseur d'un pouce.

Les semis bien conduits leveront l'année suivante, et les jeunes plants pourront être mis en place à la fin de la seconde année.

Éclats ou séparation des racines.

Le Groseillier produisant un très grand nombre de tiges qui partent du collet de sa racine, peut être éclaté en totalité ou en partie.

Si on éclate l'arbrisseau pour en former plusieurs autres, on sera obligé de l'arracher tout entier pour le déchirer. On aura soin que les pieds, souvent très nombreux, que cette opération produira au cultivateur, soient munis d'une portion de racines, et surtout de chevelu.

Si l'on ne veut avoir qu'un ou deux pieds, alors on les éclatera sur l'un des côtés de l'arbrisseau, et sans l'arracher. Cette opération sera faite avec précaution, et de manière à ne pas blesser les racines.

Les pieds ainsi éclatés seront mis immédiatement en place : ils donneront des fruits l'année suivante.

On éclate le Groseillier au printemps et à l'automne : cette dernière saison est préférable.

Si l'on veut faire passer à l'étranger des éclats de Groseilliers, il sera prudent de tremper les racines dans une espèce de boue liquide, composée de terre franche et de bouse de vache bien mélangées. Quand les racines seront bien imprégnées de ce mélange, on laissera sécher les éclats ; avec un emballage solide on pourra expédier les paquets dans les hivers les plus rigoureux, sans craindre la gelée pour les chevelus. Nous en avons envoyé ainsi, à des amis, dans l'Amérique septentrionale et à Saint-Pétersbourg.

Marcottes.

Ce genre de multiplication est celui qu'on emploie le plus généralement dans les pépinières en Angleterre et en Écosse.

Provins, couchage, en termes de jardinage, sont les synonymes de marcotte.

Marcotter, c'est coucher une branche d'un arbre quelconque pour qu'elle prenne racine. C'est un moyen qui accélère la jouissance des amateurs, car une branche de Groseillier, marcottée à l'automne, donne des fleurs au printemps et quelques fruits en été. Tous les arbrisseaux de ce genre, que la Société d'Horticulture de Londres nous a envoyés, étaient des marcottes de l'année précédente, bien enracinées, lesquelles nous ont donné quelques fruits dans l'année même de leur plantation.

On emploie la marcotte simple pour multiplier le Groseillier. Cet arbrisseau drageonnant beaucoup, elle est facile à exécuter. Pour cela, on prend une branche, sur laquelle on enlève toutes les feuilles de la partie destinée à être enterrée, après avoir eu soin de la tordre; on la couche ensuite avec une main, et on la fixe dans la terre au moyen d'un fort crochet qu'on tient de l'autre main : on recouvre avec de la terre. Cela fait, on redresse la portion de la branche qui est hors de terre avec précaution, et on l'attache à un petit tuteur si cela est nécessaire; on arrose, et on met de la mousse au pied marcotté pour entretenir l'humidité.

Boutures.

Ainsi que tous les arbres à bois tendre et poreux, le Groseillier se multiplie de bouture [1]. Ce moyen est employé depuis long-temps pour conserver les espèces précieuses; et, en peu d'années, on peut remplacer ceux des arbrisseaux de la groseilleraie qui deviennent souvent mousseux, donnent peu de fruits dans cet état, et finissent par périr.

Les boutures demandent un terrain frais et

[1] Les Groseilliers sont fournis, dans toutes leurs parties, de principes radicaux; toutes les boutures qu'on en fait réussissent parfaitement, mais particulièrement celles qu'on pratique en automne ou en hiver. Cette voie de multiplication est bien meilleure que celle des pieds éclatés, parce qu'elle donne de jeunes individus qui portent la seconde ou la troisième année. (DUMONT DE COURCEL, *Bot. cult.* éd. 1, 5, p. 307.)

amendé. On devra préalablement labourer profondément la plate-bande qu'on leur destine, et en ôter exactement les pierres et les cailloux qui pourraient empêcher les racines de s'étendre. Quelques cultivateurs passent la terre à la claie. Cela fait, on arrachera un talon, où l'on coupera un tronçon de la tige du Groseillier, de la longueur d'environ six pouces : on en ôtera toutes les feuilles un peu au-dessus de la base du pétiole, avec des ciseaux, c'est-à-dire qu'il n'y a aucun inconvénient à laisser sur la branche coupée une portion de cet organe. On fera, avec un plantoir, un trou dans la terre, à une profondeur de trois pouces, pour y placer la bouture, en ayant l'attention de ne laisser que deux ou trois yeux sur la partie du tronçon qui se trouvera dehors. On les plantera, en rigole, à un pied de distance, de manière qu'on puisse facilement biner et enlever les mauvaises herbes. On arrosera pour rapprocher la terre des boutures. On couvrira la plate-bande de paille courte de l'épaisseur d'un pouce, et on la tiendra fraîche.

On emploie encore, pour multiplier le Groseillier, la bouture en rameau, indiquée par Thouin comme propre à cet arbrisseau. On choisit une jeune branche ramifiée, on l'enterre à trois pouces dans toute sa longueur, excepté le gros bout qu'on laisse saillir sur la terre. Elle est en usage, suivant le savant professeur, pour le Groseillier et pour beaucoup d'arbres en pleine terre.

Greffe.

Quoique, dans notre opinion, le Groseillier puisse être soumis à beaucoup de genres de greffe, trois principales paraissent particulièrement lui être affectées ; au moins ce sont celles que nous avons vu réussir jusqu'à présent.

La greffe en approche.

La greffe en fente.

La greffe en écusson.

Ces greffes sont peu usitées, à cause de l'extrême facilité avec laquelle le Groseillier se reproduit par les moyens dont nous avons parlé. Cependant elles intéresseront l'horticulteur qui, par des expériences en ce genre, pourra découvrir s'il est possible de fixer ainsi les jeux de la nature, d'améliorer les fruits, de les obtenir plus gros avec plus de saveur, peut-être d'embellir les fleurs du Groseillier, car tel doit être son but principal : ce moyen n'est d'ailleurs, il faut en convenir, d'aucune utilité pour augmenter les profits du cultivateur.

Nous ne connaissons aucun auteur qui, jusqu'à présent, ait conseillé la multiplication des Groseilliers par le procédé de la greffe, sous le rapport des avantages qu'elle peut procurer dans certains cas où il est utile et agréable de l'appliquer. Bosc est le seul qui, en parlant des clôtures composées de ces arbrisseaux dont les pieds meurent ou languissent, dit qu'on peut les remplacer *en greffant des pieds voisins par approche.*

C'est cette indication du savant professeur qui nous a donné l'idée d'essayer sur ces arbrisseaux les trois espèces de greffes dont nous allons parler.

Toute leur théorie se réduit à ceci :

Ne greffer le Groseillier que sur les individus de son espèce ;

Ne point soumettre à cette opération des individus trop faibles ;

Choisir toujours des branches en rapport pour la grosseur ;

Placer les espèces vigoureuses sur les sujets les plus forts. Plus le sujet qui recevra la greffe sera vigoureux, plus la greffe tardera à montrer des fruits, mais aussi elle en donnera plus long-temps.

Greffe en approche.

Il y a beaucoup de rapport entre une marcotte et la greffe par approche ; l'une est confiée à la terre, l'autre est placée sur un sujet de son espèce. Cette greffe peut se pratiquer en tout temps, pourvu que l'arbrisseau se trouve en sève, qu'elle soit montante ou descendante.

On fera, à chacune des branches qu'on voudra approcher, des plaies d'une longueur analogue à leur grosseur, depuis l'épiderme jusqu'aux couches corticales, et dans leur épaisseur. On joindra ces plaies de manière que les libers soient parfaitement rapprochés; on fixera ces parties au moyen d'une ligature attachée solidement. L'air, les rayons solaires, même la lumière et l'eau feraient périr ces greffes; il faudra donc les abriter, soit avec l'onguent de Saint-Fiacre, soit avec de la cire à greffer, soit enfin avec de la filasse, bien préférable au linge que l'hiver fait pourrir.

On ne devra sevrer les greffes de leurs pieds naturels que lorsqu'on sera assuré de leur reprise. A cet égard les apparences sont souvent trompeuses : il est prudent d'attendre deux ans. Au lieu de séparer la greffe dans le moment même, il faut la couper peu à peu.

Cette sorte de greffe est la plus facile de toutes. On la rencontre souvent dans les forêts et les bois touffus, où elle s'opère par le frottement fortuit et continu des branches : c'est pourquoi Thouin l'a nommée *greffe Sylvain.*

Greffe en fente.

La greffe en fente ou en poupée se fait ordinairement au printemps , moment de l'ascension de la sève du Groseillier. Ce moyen de multiplication peut être exécuté sur une racine comme sur une tige ; comme il est plus facile que le précédent, on peut l'employer fréquemment.

Pour cette greffe on doit couper, à la fin de l'automne, des ramilles ou des jeunes pousses du Groseillier qu'on veut multiplier, munies de deux ou trois yeux ; on les dépose, au nord, dans une terre, où elles attendront le moment de la sève montante de notre arbrisseau. Cette époque arrivée, il s'agira de placer la ramille sur le sujet qu'on aura choisi. Pour cela, on coupera avec un instrument bien tranchant, et horizontalement, la tête de ce dernier, et on fera immédiatement à sa partie supérieure, avec la serpette, une fente longitudinale : on couvre le tout d'un cornet de papier, pour éviter le contact de l'air.

A cette opération doit succéder l'autre. On coupera l'extrémité inférieure de la ramille qu'on aura retirée de terre, et on l'affilera, par le gros bout, en biseau ou en forme de lame, et on lui conservera deux ou trois yeux, après quoi on l'insérera dans la fente à l'aide de la serpette. Si les deux branches sont en rapport de grosseur, et si les écorces sont bien en contact, le succès est infaillible; ensuite on fera une ligature pour rapprocher les parties et les maintenir jusqu'à ce que, la nature les ayant soudées, la ramille fasse corps avec le sujet.

Si celui-ci est plus gros que la ramille, on peut en insérer deux dans la fente, qu'on enveloppera, quand elle sera liée, d'une lanière de feuilles ou de toile forte, et le tout sera recouvert de cire molle ou de tout autre emplâtre. Les ramilles seront assujetties à une petite branche qu'on fixera au corps du sujet pour éviter l'action du vent : au moyen de toutes ces précautions, la reprise sera assurée.

Ce genre de greffe est très utile aux horticulteurs qui veulent transporter dans leurs jardins les espèces étrangères, dont souvent ils ne peuvent obtenir des possesseurs que de petites ramilles peu propres à faire des boutures, et qu'ils utilisent de cette manière. Dans une campagne que nous possédions à Clignancourt, près Paris, il y a vingt ans, nous avons greffé par ce procédé le *ribes alpinum* sur un *ribes rubrum*, et nous avons obtenu un plein succès.

Greffe en écusson.

C'est au bas des tiges du sujet, et près des racines, que les Groseilliers seront écussonnés, à œil dormant, depuis le commencement d'août jusqu'à la fin de septembre.

Nous invitons à placer les écussons près de terre, pour donner le moyen de drageonner aux rameaux qui proviendront de la greffe. On choisira des yeux bien formés; on rejettera ceux qui seraient plats et cachés sous le pétiole de la feuille. On pourra placer sur la même tige du sujet deux écussons opposés, qu'on fixera avec la même ligature. En faisant cette opération on ne retranchera aucune de ses branches; cependant, si quelques unes gênaient, on pourrait les supprimer, seulement au moment où l'on posera les écussons. L'année suivante, les rameaux du sujet qui pousseraient du collet de la racine, au-dessous de la greffe, seront retranchés; et la troisième année, époque où les greffes seront en pleine végétation, on supprimera le reste des branches de l'arbrisseau greffé.

Quoique la greffe à œil dormant soit celle que les horticulteurs doivent préférer, on peut aussi greffer le Groseillier à œil poussant, et au moment de l'ascension de la sève, c'est-à-dire au mois de juin; mais alors on retranchera, de suite, toutes les branches du sujet, pour ne laisser que celle qui aura reçu la greffe.

Nous ne nous étendrons pas davantage sur la multiplication de notre arbrisseau par la greffe en écusson ; elle est très connue et usitée dans les jardins ; nous nous contenterons de dire qu'il est de toute nécessité de faire un bassin au pied du sujet, et de l'arroser modérément pendant deux ou trois jours, si le temps est sec.

Nous répétons ici que toutes ces expériences par la greffe ne doivent avoir pour but principal que d'éclaircir plusieurs points de physique végétale. En semant les fruits qu'on aura obtenus ainsi, on saura si véritablement les semences des fruits, récoltées sur un arbre greffé, participent plus du sujet que de la greffe ; si l'on peut ainsi bonifier les produits du Groseillier, obtenir des fruits d'un plus gros volume, et d'une saveur plus agréable encore.

ARROSEMENT.

Dans les printemps et les étés pluvieux, le Groseillier pousse vigoureusement. Les grappes sont mieux fournies et les baies plus grosses, pourvu cependant que les pluies ne soient pas extrêmes, car, nous l'avons déjà dit, il ne faut au Groseillier qu'un terrain frais, et la trop grande humidité, comme une sécheresse continue, produit une altération dans la grosseur des fruits et dans leur saveur.

L'horticulteur devra donc faire arroser les

Groseilliers de son jardin dans le printemps et les étés secs et arides. Cette opération sera renouvelée tous les trois à quatre jours. Les eaux de pluie, celles auxquelles se trouvent mélangées des matières animales, celles qui ont servi à des bains seront préférées à l'eau trop crue des puits, à moins que celles-ci, déposées dans des bassins, ne soient exposées aux influences de l'air et de la lumière. L'arrosement fait, on déposera au pied de l'arbrisseau un peu de paille courte qui conservera l'humidité.

C'est surtout au moment où les fruits nouent qu'on devra arroser plus abondamment et plus fréquemment.

LABOURS.

Au milieu d'octobre, le terrain sera dépouillé à plusieurs pouces de profondeur, les racines seront déchaussées, et toute la terre provenant de ce pelage sera réunie en petites buttes au pied des arbrisseaux. On sait qu'ils bravent les plus grands froids, et qu'il n'y a aucun inconvénient à laisser les racines et leur chevelu découverts pendant la saison rigoureuse. C'est là ce que les cultivateurs appellent le labour d'hiver. C'est à ce moment qu'il sera nécessaire d'enlever sur les branches des arbrisseaux les mousses et les lichens qui vivent à ses dépens, ainsi que les champignons subéreux (*Fig.* 1 , **Z**), qui s'emparent des jeunes pousses au collet de la racine, et tuent le Groseillier.

Au printemps suivant, avant les premières gelées de cette saison, on couvrira les racines avec la terre environnante, qu'on remplacera par celle des buttes. Par ce procédé, les racines seront couvertes de nouvelle terre très meuble. Quelques horticulteurs y ajoutent encore de la terre mélangée de terreau dont ils couvrent les racines, avant d'y répandre la terre qui les entoure. On sent que ce moyen n'est applicable qu'aux arbrisseaux cultivés dans les jardins, et qu'il serait impraticable dans une grande culture.

A quelque époque qu'on juge nécessaire de labourer les plants des Groseilliers, le jardinier aura grand soin de ne le faire qu'au printemps, avant les premières gelées et lorsque les pluies sont moins abondantes et plus rares, et de ne jamais labourer au moment de la floraison.

Dans les climats chauds et les terres légères, il ne faut pas labourer l'été, parce qu'alors il se fait une évaporation abondante d'humidité, et qu'on enlève ainsi au Groseillier tout l'avantage qu'il obtient d'un terrain frais.

Dans les jardins composés de terres fortes il

faudra souvent répéter le labourage au premier printemps, pour rendre de nouveau meuble la terre que les pluies auront plombée, ou que le hâle ou le soleil auront desséchée.

Mais, dans tous les cas, il sera nécessaire de biner souvent, et ne souffrir aucune herbe parasite jusqu'après la récolte des fruits.

TAILLE.

Dans la plupart des jardins on ne taille pas le Groseillier, ou bien on le coupe au ciseau pour l'arrondir en boule.

Ne pas tailler, c'est abandonner l'arbrisseau à lui-même, et dans ce cas il peut donner beaucoup de grappes, mais les fruits seront petits et dédaignés.

Tailler au ciseau, pour l'arrondir, sans s'inquiéter des rameaux qui doivent donner le fruit, les abattre ou les laisser indifféremment, c'est agir contre les règles de la physiologie végétale. Un tel arbrisseau sera muni de beaucoup de feuilles et de peu de grappes, ou d'un grand nombre de fruits et de très peu de feuilles, selon que le hasard aura dirigé le ciseau de celui qui opère. Il lui suffira, pour l'ornement de son jardin, d'avoir formé une boule bien régulière, tandis qu'il serait parvenu au même résultat, et à ob-

tenir beaucoup de fruit en se servant de la serpette, et en combinant sa taille d'après l'orga-
nisation naturelle du Groseillier.

Pour bien tailler le Groseillier, il faut connaître sa nature (*modus crescendi*). Cet arbrisseau croît toujours en buisson. C'est artificielle-
ment et pour orner les parterres qu'on l'élève
en quenouille, ou sur des tiges plus ou moins
hautes, qu'on le cultive en boules, en vases, etc.
Pour peu qu'on l'oublie dans ces différens états,
il buissonnera, et du collet de ses racines sortiront de nouvelles branches. C'est le cas de lui
appliquer ce que dit LA FONTAINE :

« Chassez le naturel, il revient au galop. »

En faisant croître chaque année de nouvelles
tiges, la nature indique au jardinier qu'elles
sont destinées à remplacer les anciennes, et semble lui dire : les vieilles branches grossiront, et
dans peu d'années, ou elles périront, ou elles
deviendront infertiles, il faut donc les retrancher et les remplacer par de nouvelles.

En second lieu, le jardinier doit observer que
le bois de quatre ans ne produit rien ou presque
rien ; que celui de trois ans donne des fruits ;
que c'est sur les jeunes branches de la seconde
année que le Groseillier les présente en plus
grande abondance, et plus gros ; d'où il doit na-

turellement conclure que tout le bois qui a plus de trois ans doit être supprimé. [1]

Cette théorie constitue donc tous les principes de la taille, et c'est la nature elle-même qui les a indiqués.

Au commencement de l'hiver on visitera tous les Groseilliers, on retranchera le bois mort. Ensuite, *si le jardinier sait son arbre par cœur,* comme le dit Rosier, il reconnaîtra facilement les branches âgées de plus de trois ans, et les supprimera, soit rez-terre, soit à quelques pouces de la souche, s'il ne peut faire autrement. Il les distinguera d'autant mieux que celles-là sont assez généralement couvertes de mousses et de lichens. Il les remplacera par les tiges nouvelles, et ne conservera, de celles sorties du collet de la racine, que les branches qui lui seront nécessaires pour donner à son arbrisseau une forme évasée, qui seule convient à l'épanouissement des fleurs, à la beauté et à la maturité des fruits.

On aura soin d'arrêter les branches qui s'élèvent au-dessus des autres, ainsi que celles qui s'écartent du centre. Cela fait, il ne restera plus

[1] Il faut renouveler les Groseilliers lorsqu'ils deviennent vieux et mousseux, et pendant l'hiver retrancher les vieux bois, c'est-à-dire ceux qui ont plus de trois ans. (Dum. de Courcel, *Bot. cult.* 5, 307.)

7

sur le buisson que des branches de trois ou de
deux ans, plus celles sorties, soit de la tige, soit
des rameaux qui n'auront pas produit l'année
précédente, mais qui, dans celle qui doit suivre
la taille, sont destinées à donner du fruit.

Si, dans cet état, le Groseillier est abandonné
à lui-même, il donnera une grande quantité de
grappes.

Si l'horticulteur tient plus à la qualité qu'à
la quantité, il fera abattre les branches nouvelles. Pour obtenir de beaux fruits, on devra
tailler à deux ou trois yeux au plus, mais on
peut laisser les branches un peu plus longues si
cela est nécessaire pour donner une belle forme
à l'arbrisseau. Dans les jardins, et même dans
la grande culture, on lui laisse prendre de la
hauteur; mais les bons cultivateurs le tiennent
bas. On a reconnu que les fruits sont plus beaux
et plus abondans sur les arbrisseaux maintenus
à deux pieds ou environ de hauteur.

Par tout ce que nous avons dit, on doit voir
que si la taille est bien calculée, il restera sur
l'arbrisseau des branches de trois, de deux, et
d'un an, toutes destinées à porter fruit l'année
suivante.

Ici nous ferons observer que quelques jardiniers ne retranchent que le bois de la cinquième
année, en laissant celui de la quatrième. Cette

méthode est vicieuse, en ce qu'elle tend à affaiblir l'arbrisseau, et que le peu de fruits qu'on obtient de ces branches nuit à la beauté de ceux qu'on attend du reste des rameaux du Groseillier.

Les branches nouvelles du Cassis se taillent un peu plus long que celles du Groseillier commun.

Telle est toute la théorie de la taille du Groseillier; nous croyons l'avoir expliquée assez clairement pour la mettre à portée de ceux qui l'ignorent.

Il nous reste à parler des Groseilliers communs, qui servent à la décoration des parterres.

Ceux-ci sont dressés sur une seule branche qui part du pied, qu'on taille long et qu'on allonge tous les ans jusqu'à une hauteur déterminée; alors on s'applique à lui former une tête, en supprimant tous les bourgeons qui se montrent, soit au collet de la racine, soit sur la branche allongée dont on veut former une tige. Quand la tête sera formée, on la tiendra en boule et on lui procurera ainsi l'air et la lumière nécessaires pour faire allonger les grappes, grossir les fruits, et leur donner plus de saveur.

On les dispose encore en pyramide et de toute autre façon, selon le goût de l'horticulteur. Cette manière de conduire l'arbrisseau donne des facilités pour l'empailler, et conserver les fruits jusqu'au mois de novembre.

Le Cassis se conduit comme le Groseillier commun ; il faut le tenir bas comme ce dernier, et lui donner les mêmes soins. On ne s'en sert jamais pour l'ornement des parterres, parce qu'il serait très difficile de le tenir sur un brin et d'en faire une tête : l'odeur équivoque qu'il répand d'ailleurs de toutes ses parties l'a fait reléguer dans les coins du jardin.

CULTURE EN GRAND.

Aux environs de Paris, et principalement dans les communes de Puteaux, de Saint-Germain-en-Laye, de Montreuil, de Bagnolet, Belleville, Menil-Montant, Clamart-sous-Meudon, etc., etc., et encore ailleurs, dans les environs des grandes villes de la France, on cultive en grand notre arbrisseau comme un objet de commerce. Nous avons visité cette culture avec soin, et nous avons en général remarqué,

1°. Que les cultivateurs le placent trop à l'ombre des grands arbres ;

2°. Que toutes ou presque toutes les grappes coulent sur les plants exposés au nord ;

3°. Qu'on le tient trop élevé, et qu'à la taille on ne le rabat pas assez ; d'où il résulte que les fruits sont petits : nous avons vu des buissons élevés de près de cinq pieds;

4°. Qu'on ne supprime qu'une partie du vieux bois, et que souvent on trouve des branches âgées de cinq ou six ans et plus, qui sont absolument infertiles.

5°. Nous avons remarqué encore que les binages, si avantageux à cette culture, sont généralement négligés;

6°. Et enfin, nous avons été amenés à penser que si les cultivateurs conduisaient le Groseillier suivant les principes que nous avons exposés, les grappes seraient plus longues et plus nombreuses, les fruits plus gros, et les profits plus grands.

Toutes ces considérations nous ont engagé à faire une culture expérimentale du Groseillier, et à joindre la pratique à toutes les théories.

Pour y parvenir, à l'automne de 1808 nous avons fait piquer au plantoir une grande quantité de boutures de Groseillier commun.

Dans l'hiver de la même année, nous avons fait labourer profondément, et engraisser avec du fumier de cheval, d'âne et de lapin, un arpent de terre de grande mesure, c'est-à-dire cent perches, celles-ci de vingt pieds. Les pierres ont été soigneusement enlevées. Cet arpent de terre était situé à l'exposition du levant, éloigné de tous arbres qui pouvaient porter ombre et nuire à nos projets.

Au mois de novembre 1809, nos boutures, qui alors étaient âgées de treize mois, et bien enracinées, ont été plantées en rigole, à la distance de quatre pieds, ce qui en a employé cinq cents. Pendant toute cette année la terre a été soigneusement sarclée et entretenue propre ; nos boutures n'ont rien produit.

En 1810, seconde année de la plantation, nous avons obtenu quelques grappes qui ont servi aux usages économiques de la maison. Des branches étaient sorties des collets des racines, nous les avons fait tailler à trois ou quatre yeux.

En 1811, troisième année, nos arbrisseaux étaient vigoureux; les branches sorties du collet, comme celles sorties des rameaux, étaient très allongées. Nous avons obtenu quarante-cinq paniers contenant chacun onze à douze livres de groseilles, que nous avons fait vendre, savoir : les premières cueillies, à raison de dixsept à dix-huit sous le panier, et les dernières vingt-cinq sous; prix moyen, à peu près vingt sous.

A l'automne, nous avons ordonné un simple labour à la bêche, mais sans découvrir les racines, et, dans l'hiver, les Groseilliers ont été taillés à deux et trois yeux au plus, suivant la circonstance; les drageons inutiles ont été arrachés, les gourmands ont été supprimés, et nous avons fait évaser l'arbrisseau autant qu'il nous a été possible.

C'est dans cette année que nous fîmes donner à nos arbrisseaux la culture ordinaire, telle que nous l'avons indiquée. Après les vendanges, le terrain fut entièrement pelé à trois ou quatre pouces, les racines furent découvertes et recouvertes, ainsi que nous l'avons dit, avec la terre environnante, etc.

Ici nous ferons observer que quelques cultivateurs, avant de reporter la terre meuble sur les racines, y font répandre du terreau, croyant activer la végétation et augmenter le produit; mais c'est une erreur qu'il importe de détruire. A la vérité, le terreau fait sortir des branches beaucoup de chevelu, mais les vides qu'il laisse toujours entre les racines fait naître, dans les sécheresses, une sorte de végétation blanche, semblable à du blanc de champignon, qui, lorsque la terre devient humide, occasionne des chancres qui font périr l'arbrisseau. La terre qui l'environne lui suffit.

La cinquième année, en 1815, même succès, et peut-être plus complet, parce que, outre les fruits qui furent employés aux besoins du ménage, nous eûmes encore deux cent cinquante paniers de groseilles semblables aux autres. Mais nous avons obtenu un autre avantage sur lequel nous ne comptions pas : c'est que des confiseurs de Paris, frappés de la beauté et du peu d'acidité de nos fruits, vinrent traiter de la récolte, en se chargeant de l'enlever. Nous fûmes ainsi affranchis des frais de transport, et des soins de la vente dans un marché public.

Les événemens politiques de l'année suivante, 1814, nous forcèrent d'abandonner cette culture.

Le Cassis, ou le Groseillier noir, se cultive par les mêmes procédés, et il n'est pas rare de voir la récolte d'un arpent de ses fruits rapporter trois cents francs au cultivateur. Les grappes sont moins fournies, à la vérité, mais elles sont recherchées pour certains usages auxquels on n'emploie pas la groseille, et leur prix est plus élevé.

Pour obtenir des fruits du Groseillier épineux, tels que ceux qu'on apporte dans les marchés au mois de mai de chaque année, qu'on vend aux enfans, avant leur maturité, dans les places publiques, et aux cuisinières, à défaut de verjus, assurément il suffira de suivre les principes de culture que nous donnent encore les auteurs des ouvrages d'horticulture. Il suffira de les placer dans des lieux ombragés, dans des terrains

secs et pierreux, de les moins tailler que les autres, etc.

Telle est, en effet, la manière de conduire en
grand le Groseillier épineux dans les terroirs de
Belleville, des Prés-Saint-Gervais, de Bagnolet,
et dans beaucoup d'autres lieux qui environnent
les grandes villes.

Toutefois, à ne considérer cet arbrisseau que
comme un objet de produit, et eu égard à la des-
tination que le peuple, en France, donne à son
fruit, cette culture en elle-même doit paraître
suffisante; et même, puisqu'il s'agit uniquement
d'obtenir beaucoup de fruits, les cultivateurs,
en ne le taillant pas, mais en se contentant
d'ôter les bois morts, auraient encore des récoltes
plus abondantes.

On doit sentir que la partie sucrée n'existant
qu'en très petite quantité par le défaut de l'influence des rayons solaires, il n'existe que le
ligneux des grains, plus nuisible qu'utile à la
santé, et de l'eau acidulée. [1]

Mais si nous voulons obtenir ces belles variétés
qui, en Angleterre et en Écosse, ornent la table
des grands, qu'on présente aux dames, à Lon-

---

[1] Nous croyons cependant que dans cet état la groseille
à maquereau pourrait, au moyen de l'addition d'une dose
quelconque de partie sucrée, donner une boisson très salutaire analogue au poiré. En effet, suivant M. le profes-

dres et à Édimbourg, dans les spectacles ou dans les promenades publiques; dont on fabrique des vins, des eaux-de-vie, des liqueurs, des vinaigres, qui produisent chaque année au commerce anglais des sommes considérables, assurément le Groseillier épineux demandera une tout autre

seur BÉRARD, en divisant les fruits du Groseillier en cent parties, on trouve qu'elles donnent, étant vertes,

Matière animale	0,76
Matière colorante verte	0,3
Ligneux de graines	8,45
Gomme	1,36
Sucre	0,52
Acide malique	1,80
Acide citrique	0,12
Chaux	0,24
Eau	86,41
	100

Les poires mûres, soumises aux mêmes expériences, donnent :

Matière animale	0,21
Matière colorante verte	0,01
Ligneux	2,19
Gomme	2,7
Sucre	11,52
Acide malique	0,18
Chaux	0,4
Eau	83,88
	100

Par ces analyses chimiques de M. BÉRARD, on voit que la différence n'est considérable que dans la partie sucrée dont nous conseillons une addition. (*Annales de Chimie et de Physique*, vol. XIV.)

culture : ce peuple est aussi fier de ses groseilles que nous le sommes de nos raisins, et on doit dire qu'avec ce fruit il est parvenu à imiter nos vins, et surtout celui de Champagne.

Le Groseillier épineux est naturel aux montagnes de l'Écosse ; mais est-il originaire de ces contrées? Nos voyageurs en ont trouvé plusieurs espèces dans des pays très éloignés : Pallas dans la Sibérie, Michaux au Canada ; on le trouve dans les vallées de toutes les montagnes de l'Europe, etc. Quoi qu'il en soit, il est vrai de dire que ces arbrisseaux sont plus communs dans l'Écosse et dans l'Angleterre que partout ailleurs, mais que les fruits ne sont pas beaucoup plus gros que ceux que donnent nos abrisseaux en France, soit qu'ils aient été produits par des individus sauvages, soit qu'ils aient été l'objet d'une culture particulière faite à l'instar de celle que lui donnent nos cultivateurs.

Bauhin, dans son *Historia generalis Plantarum*, s'exprime ainsi, vol. II, à l'égard de la variété rouge du *Ribes uva crispa*, qu'il appelle *monocarpa*. (Nous traduisons littéralement ce passage.)

« *Charles* De Tassis envoya à Clusius, en « 1598, une espèce de Groseillier, qu'il avait reçu « d'Angleterre, et que l'on avait désignée sous le « nom de *Ribes uva crispa fructu rubro*. Ce-

« pendant il apprit par une lettre de Londres,
« que lui adressa *Jean* GARET, que le fruit de
« ce Groseillier était semblable à celui du Gro-
« seillier ordinaire, mais un peu plus gros, et
« que la différence consistait en ce qu'il ne
« poussait point en grappes sur une seule tige,
« mais isolé comme ceux de l'*uva crispa*. »

Il est clair que du temps de CLUSIUS et de *Jean*
BAUHIN, les fruits du Groseillier à maquereau,
en Angleterre, n'étaient pas plus gros que les
nôtres en France.

Mais ce fait se trouva confirmé par une Anglaise elle-même. *Élisabeth* BLACKELLE, dans
son *Curious Herbal*, l'un des plus grands ouvrages d'histoire naturelle qu'ait produits l'Angleterre, donne (*Fig.* 277, pag. 276) la figure
d'une branche de l'arbrisseau, avec sa fleur et
un fruit séparé, de grandeur naturelle, telle
qu'on les récoltait alors. On voit que ce fruit n'a
guère plus de volume qu'une noisette ordinaire.
Nous devons dire que l'ouvrage de cette intéressante dame parut en 1737.

C'est donc postérieurement à cette année que
les horticulteurs anglais se livrèrent à une culture plus soignée de cet arbrisseau, et qu'ils ont
créé, pour ainsi dire, ce nouveau genre d'in-
dustrie. Assurément si cette dame eût connu les
belles variétés qu'on cultive maintenant en An-

gleterre avec tant de succès, elle n'eût pas manqué d'en ajouter une à son dessin.

De tout ceci, il faut conclure que les semis
seuls ont pu donner les magnifiques groseilles
si répandues aujourd'hui dans les îles Britanniques, et que l'opinion qu'on s'est faite, en
France, que les gros fruits qu'on admire à Londres, et qu'on prendrait pour du fruit nouveau,
viennent sans une culture très soignée, est absolument fausse ; enfin que ce n'est qu'avec beaucoup de peines et de soins que nos raisins sont
parvenus à de si beaux résultats.

*Champignons, lichens, mousses qui épuisent
ou font périr le Groseillier.*

Parmi les causes qui contribuent à faire périr
le Groseillier rouge, il faut compter deux bolets
coriaces et subéreux, qui se développent au
collet de sa racine, enveloppent ses jeunes pousses sur lesquelles ils se moulent aux dépens de
l'arbrisseau.

Le premier est le BOLETUS CORTICULARIS, *co-
riaceo-suberosus, sessilis, dimidiatus, è fulvo
fucescens; carne tenuissimâ; tubis longiusculis.*
BULLIARD, pag. 350, Planche 462. Ce Bolet est
vivace, ordinairement solitaire. Dans sa jeunesse, il est d'un jaune roux, et sa surface su-

périeure est tomenteuse et douce au toucher. Dans un âge avancé, il est d'une couleur bistrée plus ou moins foncée. Dans sa vieillesse, il est d'un brun noirâtre, et sa surface est comme cardée et égratignée par des zones. Quel que soit son âge et son développement, ses tubes sont de la même couleur que le dessus de son chapeau. BULL. *l. c.*

Le second est le BOLETUS IGNIARIUS (l'amadouvier), qui, lorsqu'il vient au rez de terre, s'attache à différens arbrisseaux dont le bois est tendre, tels que le Groseillier, le rosier et le lilas ; il a sa chair subéreuse et jaune, ses tubes extrêmement étroits, réguliers, et jamais séparés par des crevasses. Voici comment BULLIARD le décrit, pag. 361, et *Fig.* 454 et 82.

Boletus coriaceus, sessilis, dimidiatus ; carne ferrugineâ è suberoso sub-ligneâ ; tubis brevissimis æqualibus.

Ce Bolet, dit l'auteur, se trouve sur beaucoup d'arbres et d'arbrisseaux. Il persiste un grand nombre d'années, et varie extraordinairement dans sa forme, ses couleurs et sa dimension. Lorsqu'il vient sur quelques arbres et arbustes dont le bois est tendre, tel que le Groseillier, il est d'une couleur fauve, et sa chair reste subéreuse quel que soit son âge, et il y a certains arbustes sur lesquels il acquiert la dureté du buis.... Ses tubes forment chaque année une nouvelle couche, etc. BULL., pag. 562.

Ces champignons font le plus grand tort aux Groseilliers, surtout l'amadouvier dont l'existence se prolonge un si grand nombre d'années, qu'on n'en connaît pas encore le terme [1]. Dans celui-ci, comme dans le premier, l'accroissement se fait par intussusception, c'est-à-dire qu'au moyen de leurs racines ou des organes qui en remplissent les fonctions, ils tirent des corps sur lesquels ils ont pris naissance la sève de l'arbrisseau en même temps qu'ils accroissent en longueur et en largeur ; le Groseillier, privé des sucs nutritifs qu'ils absorbent, périt promptement. Il n'est pas rare d'en trouver de quatre à cinq pouces de diamètre au pied des arbrisseaux cultivés dans la campagne.

Les lichens et les mousses absorbent une partie de la sève du Groseillier, et nuisent à sa végétation.

Le bissus botryoïdes verdit le pied du Groseillier.

Insectes qui vivent sur les Groseilliers.

On trouve sur le Groseillier à grappes, *Ribes rubrum* :

Papilio C. album, LINNÉ, p. 2514. FABRI-

[1] BULLIARD. *Histoire des Champignons.* p. 81.

CIUS, 2, p. 5o, n. 494. GEOFFROI, 2, p. 38, n. 5. RÉAUMUR, 1, Tab. 27, fig. 9, 10.

Phalæna purpurea, LINNÉ, p. 2432. FABRICIUS, 2, p. 127, n. 162. GEOFFROI, 2, p. 105, n. 6.

Phalæna prunata, LINNÉ, p. 2476. FABRICIUS, 2, p. 201, n. 142.

Thenthredo capræ, LINNÉ, p. 2663. FABRICIUS, 1, p. 255, n. 42. GEOFFROI, 2, p. 281. RÉAUMUR, 1, Tab. 1, fig. 1-8, et tom. v, Tab. 11, fig. 10. ...*ribem rubrum et grossulariam, larva quotannis destruens.*

Aphis ribis, LINNÉ, p. 2201. FABRICIUS, 2, p. 315, n. 7. RÉAUMUR, III, Tab. 22, fig. 7, 10. ... *in foliis monstrosis pustulatis frequens.*

On trouve sur le Groseillier épineux, *Ribes uva crispa* :

Tenthredo ribis, LINNÉ, p. 2664. *In superiori Austria : hujus, et ribis rubri, folia ad latera exedit.*

Phalæna wavaria, LINNÉ, p. 2463. FABRICIUS, 2, p. 191, n. 63.

Phalæna grossulariata, LINNÉ, p. 2472. FABRICIUS, 2, p. 200, n. 132. GEOFFROI, 2, p. 137, n. 56.

Phalæna satellitia, LINNÉ, p. 2573. FABRICIUS, 2, p. 165, n. 205.

Acarus baccarum, LINNÉ, p. 2929. FABRI-

CIUS, 2, p. 573, n. 30. ...*In baccis ribis hujus, grossulariæ, et aliorum.*

Sphinx tipuliformis, LINNÉ, p. 2390. FABRICIUS, 2, p. 100, n. 18. ...*In medullâ plantæ.*

Phalæna wavaria, LINNÉ, p. 2463. FABRICIUS, 2, p. 191, n. 65.

Acarus baccarum, LINNÉ, p. 2929. FABRICIUS, 2, p. 575, n. 30. ...*In variis baccis hospitans.* Jacques BREZ, Flore des Insectophiles, 1 vol. in-8°, 1791, p. 175.

CHAPITRE IV.

ÉCONOMIE DOMESTIQUE.

Ce chapitre est destiné aux personnes qui habitent des campagnes éloignées ; celles qui sont chargées d'une nombreuse famille, et qui doivent principalement songer au bien-être de leur maison, y verront tout le parti qu'on peut tirer des fruits du Groseillier, soit pour l'ornement de leur jardin, soit pour la conservation de leur santé, ou pour l'agrément de leur table.

Nous le diviserons en trois paragraphes. Le premier contiendra quelques détails sur la manière de conduire le Groseillier pour l'ornement des jardins. Nous nous étendrons peu à cet égard ; nous renvoyons au chapitre qui traite de la culture.

Le second contiendra des notions sur les secours que tire l'art de guérir des fruits du Groseillier.

Le troisième paragraphe, enfin, offrira un recueil de recettes pour l'emploi de ces fruits dans l'économie domestique.

§. I. *Les Jardins.*

Les Groseilliers, taillés en boule sur une tige un peu élevée, font un très bel effet dans les jardins ; c'est d'ailleurs la taille qui lui est la plus avantageuse pour en obtenir de gros fruits.

On les dispose encore en pyramide, en allongeant la flèche ; par cette méthode, le fruit est plus beau et l'arbrisseau jouit de la lumière du soleil.

Il se prête facilement à toute espèce de taille : on le dispose en arcade, même en berceau.

On peut aussi les palisser à l'exposition du levant. Nous en avons vu un de huit pieds de haut et de plus de vingt pieds d'envergure.

Du temps de Bauhin, on les mettait en buisson dans les plates-bandes, pour abriter les autres plantes d'un soleil trop ardent.

Le Groseillier des Alpes fait l'ornement des massifs, dans les jardins paysagistes, par la hauteur de sa tige et la précocité de ses fleurs jaunes. Au premier printemps, ses feuilles, plus petites en général que celles des autres Groseilliers, prennent, à la fin de l'été, une teinte jaunâtre aussi très agréable à l'œil. Le Groseillier doré et le Groseillier à feuilles palmées sont encore plus beaux ; les fleurs du dernier sont odorantes.

Tous les Groseilliers peuvent servir à faire

des haies, à raison de leur disposition à pousser des tiges de leur racine, et par conséquent à se fortifier annuellement du pied ; mais le Groseillier épineux y est plus propre que les autres, parce qu'il se défend plus par les épines. On les fabrique en plantant, à l'automne, à six pouces de distance, dans des tranchées de huit à dix pouces de profondeur, des boutures coupées sur le bois de l'année précédente. L'année suivante on remplace celles de ces boutures qui ont manqué, par des plants enracinés qu'on a faits ailleurs à cette intention. La haie se rabat rez de terre à la seconde année : alors elle pousse un grand nombre de jets qui garnissent l'intervalle des pieds ; jets qu'on arrête tous les deux ans par une taille de six pouces, jusqu'à ce que la haie ait atteint trois à quatre pieds. Si les pieds meurent, on les remplace par des marcottes, ou on y greffe les branches des pieds voisins par approche.

« On emploie encore le Groseillier épineux, avec beaucoup d'avantage, pour boucher les vides des haies d'aubépine, ou regarnir celles dont les pieds manquent de rameaux. Il est très propre à cet usage, parce que la différence qui existe entre ses principes constitutifs et ceux de l'aubépine lui permet de croître dans une terre épuisée par cette dernière, et même entre ses racines. » (Bosc, *Dict.*, vol. 7, p. 551.)

§. II. *La Médecine et la Chimie.*

Tragus prescrivait le jus de groseilles, comme remède, dans les fièvres ardentes et les inflammations intestinales. Il composait un rob avec les fruits du Groseillier.

Bauhin dit que les groseilles, assaisonnées de sucre, sont un spécifique contre les varioles et inflammations : séchées au soleil, elles peuvent servir aux mêmes usages.

Le suc exprimé de la groseille, dit le même auteur, mêlé à l'eau de chicorée ou d'oseille, est bon pour guérir les fièvres ardentes et les déjections alvines bilieuses.

Suivant Mathiole, c'est un remède efficace pour le cholera morbus. L'eau de groseilles, mêlée à l'eau de pourpier ou de plantain, guérit l'hémoptysie.

Pris en gargarisme, mêlé à l'eau de rose, il guérit l'inflammation de la luette. Si l'on a mal aux yeux, dit le même auteur, il faut s'en frotter le front.

Il raffermit les gencives et les dents chancelantes.

Fuchs regarde les feuilles comme astringentes.

Dodoneus, savant médecin, qui vivait en 1584, dit que les fruits du Groseillier rouge conviennent, par leur vertu rafraîchissante, aux tempéramens bilieux, et sont astringens. Ils calment l'ardeur de la fièvre, répriment la bile, rafraîchissent le sang, arrêtent les progrès de la gangrène, apaisent la soif la plus violente, arrêtent les dysenteries et les progrès du scorbut.

SERAPION assure que le suc, exprimé et cuit, du Groseillier, rafraîchit et fortifie les intestins. Il est bon pour guérir les maladies du cœur : il apaise la soif, excite l'appétit ; il s'emploie dans les indispositions légères, les affections hémorrhoïdales et l'ivresse.

Selon MESUÉ, il calme les vomissemens, fortifie le cœur et modère ses battemens ; il apaise le vomissement bilieux, ou en diminue l'intensité.

Les Arabes faisaient, de ces fruits, un rob de *ribes,* qu'ils envoyaient autrefois en grande quantité à Constantinople.

EXTRAIT de l'*Historia Plantarum,* de J. BAUHIN.

Succus aut syrupus hujus plantæ, in ardentibus acutisque morbis æstum temperet, putredinem arcet, et sitim tollit; commentandus ideo, et in usum sæpius revocandus. (SCOPOLI, *Flora Carniolica,* p. 588.)

Ces fruits ont une saveur acide, vineuse et agréable ; ils sont très rafraîchissans, tempèrent l'âcreté de la bile, calment l'ardeur de la soif, excitent l'appétit, préviennent la putridité et s'y opposent ; mais leur trop grand usage peut être nuisible, surtout aux cachectiques, à ceux qui ont l'estomac très faible et le ventre resserré. Comme ils sont légèrement astringens, ils arrêtent le flux de ventre, et fortifient un peu l'estomac ; ils sont en outre utiles dans les vomissemens et les diarrhées qui proviennent d'une abondance de bile.... Les confitures de groseilles soulagent les malades, surtout ceux qui ont la fièvre.... Enfin, dans les boutiques, on en prépare un rob agréable aux malades. (LAM., *Enc.*, p. 48.)

Les fruits du Groseillier noir sont stomachiques et diurétiques. Son écorce est ses feuilles sont anti-hydropiques. On vante ses feuilles contre la morsure des bêtes venimeuses et des animaux enragés. (*Idem, l. c.*, p. 49.)

Les fruits du Groseillier épineux sont astringens et rafraîchissans lorsqu'ils sont verts ; quand ils sont mûrs on les regarde comme laxatifs. (*Idem, l. c.*)

Tout le monde connaît l'acide agréable et rafraîchissant de la groseille. On en fait, avec de l'eau et du sucre, une boisson propre à tempérer l'effervescence du sang dans les maladies inflammatoires, et à le rafraîchir dans les chaleurs de l'été. La nature a pourvu à modérer le mouvement accéléré de nos humeurs pendant les ardeurs du soleil presque perpendiculaire, en nous donnant, dans cette saison, les fruits les plus convenables pour les calmer. (Dum. de Cour., 5, p. 307.)

Le bois (du Groseillier noir), ainsi que les lames intérieures de l'écorce, ont été, dit-on, employés avec succès contre l'hydropisie.

Le suc des groseilles rouges est très rafraîchissant : on le donne dans les maladies inflammatoires, et on le boit, mélangé avec de l'eau, pour étancher la soif. La groseille blanche est un peu moins acide, et on l'emploie aux mêmes usages.

On mange les fruits du Groseillier épineux, avant la maturité, avec le poisson et les viandes : on en fait de très bonnes tourtes, et un vin assez généreux, etc. (Desf., *Hist. des Ar.*, vol. 2, p. 69.)

On mange les groseilles fraîches, soit seules, soit unies au sucre; on en fait des gelées, des confitures, des vins. Leur suc, mêlé avec de l'eau et du sucre, forme une boisson très agréable, et qui est utile en santé comme en maladie.... Rien n'est meilleur pour les enfans et les convalescens.

Le cassis est recherché par un grand nombre

de personnes ; on en fait un sirop qui favorise la digestion, etc. (Bosc, *Dict.*, éd. 2me, 548.)

Le fruit du cassis est aromatique, sucré, et regardé comme stomachique. (Mer., *Nouv. Fl.*, 2, p. 292.)

Les fruits, dans toutes les espèces de groseilles, sont aigrelets, agréables au goût et rafraîchissans ; on en fait une boisson agréable et saine, et cette liqueur fournit une excellente eau-de-vie. (*Dict. raisonné et abrégé d'Hist. nat.*, par *d'anciens professeurs*; Paris, Fournier, 1807, 2 vol. in-8°.)

Quelque cultivé que soit le Groseillier rouge, il ne l'est pas encore assez à raison des avantages diététiques qu'on peut retirer de ses fruits, soit frais, soit desséchés.... L'acide de ses fruits est en effet des plus agréables au goût, et est un remède contre toutes les maladies putrides, surtout contre celles, si meurtrières, qui se développent pendant les chaleurs de l'été. Son usage fait couler la bile, dont la stagnation dans les premières voies donne lieu à la jaunisse, à la fièvre jaune, etc.

Les feuilles fraîches ou sèches du cassis, prises en guise de thé, sont diurétiques et apéritives, et le suc exprimé de ses fruits est prescrit dans les maladies des voies urinaires, lorsqu'il y a inflammation.

La groseille à maquereau fournit une boisson fermentée très agréable. (DUFOUR, *Nouv. Dict. d'Hist. nat.*)

La chimie pourrait peut-être tirer parti des fruits de nos groseilliers, soit avant, soit après leur maturité. Nous ignorons si l'expérience a été tentée en Angleterre et en Écosse ; mais en France on ne l'a jamais essayée, d'après les recherches que nous avons faites.

L'acide citrique (*citricum*) doit se trouver à l'état de mélange dans les groseilles non mûres : nous sommes d'autant plus fondé à le croire, qu'on l'a découvert dans plusieurs fruits, tels que le citron, les raisins avant leur maturité, et autres.

On pourrait encore y trouver l'acide tartarique, et l'acide acétique (le vinaigre).

Parmi les matériaux dans lesquels l'oxigène et l'hydrogène sont dans le même rapport que dans l'eau, on place les gelées à peine dissolubles dans l'eau froide, et très dissolubles dans l'eau chaude. La gelée de groseilles, qui se forme ainsi par le refroidissement, ne pourrait-elle pas, unie à l'acide nitrique, se convertir en acide oxalite sans dégagement d'azote ? Au reste, la gelée se trouve dans les fruits acidulés, et M. DE CANDOLLE pense qu'elle est peut-être une gomme combinée avec un acide.

§. III. *Économie domestique.*

Nous n'avions pas eu la pensée de donner littéralement les recettes, indiquées dans beaucoup d'ouvrages, pour les différentes préparations du fruit du Groseillier : nous voulions seulement les indiquer, en renvoyant aux auteurs qui les ont proposées ; mais madame B...., qui habite une vaste campagne aux environs d'une grande ville, dans laquelle elle cultive notre arbrisseau avec un succès remarquable, ayant bien voulu nous communiquer ce qu'elle appelle son livre de recettes, nous nous sommes déterminé, après les avoir lues avec attention, à les faire imprimer, suivant son désir.

Elles ont été prises, pour la plupart, dans des ouvrages dont plusieurs sont rares et difficiles à se procurer ; non seulement les écrits des auteurs qui, par état, exécutent habituellement ces recettes, ont été consultés, mais encore on a mis à contribution les ouvrages d'agriculture et d'économie dans lesquels les auteurs en ont proposé plusieurs.

Nous avons donc pensé que leur réunion serait agréable au public, et surtout aux personnes qui habitent les départemens éloignés, et qui, souvent, sont privées du secours des livres qu'elles voudraient consulter.

Nous donnons ces recettes telles qu'elles ont été publiées textuellement, sans aucune correction, et, à cet égard, nous nous contenterons de produire la fin de la lettre que madame B.... a bien voulu nous écrire en nous faissant passer sou recueil : « *J'ai copié littéralement; ainsi je ne réponds ni du style ni des fautes ; mais ce dont je réponds, c'est de la bonté et de l'exactitude des recettes, car je les ai éprouvées presque toutes.* »

S'il est vrai que l'homme juge des productions végétales par l'utilité et l'agrément qu'il en retire, on verra dans ces recettes que le fruit du Groseillier l'emporte de beaucoup sur tous ceux que la Providence nous donne avec tant de libéralité.

Pour la facilité des recherches, nous avons placé les recettes par ordre alphabétique.

Compote de Groseilles, par VIARD.

Prenez du fruit le plus beau, et du sucre en poids proportionné. Égrenez vos groseilles et les lavez dans l'eau bien fraîche, égouttez-les ensuite sur un tamis; pendant ce temps-là, clarifiez le sucre et le faites cuire au petit brûlé. Cela fait, vous retirez la bassine du feu et y jetez les groseilles; mêlez bien le tout en faisant tourner la bassine; vous les laissez un moment, puis les remettez sur le feu pour leur donner un bouillon couvert ; vous les retirez ensuite, et, lorsqu'elles sont refroidies, vous les versez dans les compotiers.

Autre Recette.

Faites un sirop ; ensuite ayez une livre de belles groseilles, lavées, égouttées ; mettez-les dans le sirop pour leur faire jeter trois grands bouillons couverts ; ôtez-les du feu, et les écumez avant de les dresser dans le compotier.

Autre Recette.

Une livre de groseilles choisies avant leur entière maturité suffit pour cette compote. On les lavera bien. On peut indifféremment les égrener, ou laisser la grappe. Vous les ferez bouillir quelques minutes dans un sirop composé d'un demi-quarteron de sucre et d'un verre d'eau que vous aurez préparé à l'avance ; vous les ôterez du feu, et après avoir fait épaissir votre sirop, vous le verserez sur les groseilles que vous aurez dressées dans un compotier.

On peut encore faire des compotes avec ces mêmes groseilles lorsqu'elles sont vertes. Pour cela, vous ôterez les pepins avec un curedent ; vous les mettrez dans l'eau chaude, jusqu'à ce qu'elles surnagent : vous les plongerez ensuite dans une eau froide légèrement acidulée, ce qui leur rendra leur couleur verte; alors vous les mettrez dans un sirop pareil au précédent, et les traiterez comme des groseilles mûres. Il y a des personnes qui, pour cette compote, doublent la dose du sucre.

Compote de Groseilles vertes, par CARDELLI.

Choisir les plus belles, les faire blanchir à l'eau chaude, les retirer du feu avant que l'eau ne soit bouillante, les couvrir ensuite avec du linge, faire cuire du sucre à la plume; la proportion est d'une livre pour un litron; faire prendre aux groseilles un grand bouillon couvert, les retirer et les laisser reposer, les mettre bouillir de nouveau pendant quelques minutes, les retirer, les couvrir pour qu'elles reverdissent; et si le sirop n'était pas assez cuit, on le remettrait sur le feu pour le verser sur les groseilles.

Nota. Cette recette est applicable à toutes les autres groseilles à maquereau décrites dans cet ouvrage.

Compote de Groseilles à maquereau.

On fera cuire un quarteron de sucre avec un demi-verre d'eau jusqu'à consistance de sirop.

Cueillez une livre de vos plus belles groseilles, lavez-les bien, et les égouttez.

Faites-les bouillir quelques momens dans le sirop, ôtez-les du feu, et posez-les sur un tamis.

Faites épaissir votre sirop : dressez vos groseilles dans un compotier, et versez dessus le sirop à moitié chaud.

En choisissant plusieurs variétés des grains du Groseillier épineux et de couleurs variées, on fait une macédoine, très bonne et très agréable à la vue.

On peut les verser dans des moules en pâtisserie.

Confiture de Groseilles, par M. VIARD.

Prenez de belles groseilles rouges en quantité quelconque; qu'il y en ait un quart de blanches; égrenez-les pour que la rafle ne donne pas d'àcreté au jus; mettez-les dans une poêle avec un verre d'eau : quand elles auront jeté quelques bouillons, et que vous vous apercevrez qu'elles sont crevées, vous les mettrez dans un tamis de crin; vous passerez le jus une seconde fois sur le marc, afin qu'il soit bien clair, et vous le foulerez pour en extraire tout le liquide. Si vous avez trente livres de fruit, vous ferez clarifier autant de livres de sucre; vous le ferez cuire au cassé; vous verserez le jus sur le sucre; faites-le bouillir un quart d'heure : après l'avoir bien écumé, vous le verserez dans les pots.

Vous pouvez aussi mettre le jus de groseilles sur le feu, et y ajouter le sucre en pierre; vous laissez bien écumer les confitures; vous en mettez quelques gouttes sur une assiette, et vous voyez, en la penchant, si la confiture se congèle : vous pouvez alors employer seulement trois quarterons de sucre par livre de fruit, mais il faut faire cuire davantage les confitures : si l'on voulait se servir de cassonade, il faudrait de toute rigueur la clarifier.

Autre Recette.

Prenez des groseilles bien mûres, sur lesquelles il y aura un peu plus de moitié de blanches; sur quarante livres de groseilles, mettez trois livres de framboises, et des blanches, si cela est possible; égrenez vos groseilles et vos framboises sans perdre le jus. Lorsqu'elles sont égrenées, pesez-les pour régler la quantité de sucre; puis mettez-les dans une bassine, sans une goutte d'eau; quand votre fruit a jeté cinq à six bouillons, passez alors le jus dans un tamis ou dans un linge neuf.

Si vous avez quarante livres de fruit, prenez dix-huit livres de sucre ou de cassonade : si c'est du sucre, il est inutile de le clarifier; si c'est de la cassonade qui n'ait aucun mauvais goût, dispensez-vous de la clarifier, et mettez-la dans le jus. La confiture se fait à grand feu ; quand elle a été bien écumée, et qu'elle commence à perler, c'est-à-dire qu'elle forme de petites boules qui s'amoncèlent, elle est assez cuite ; pour vous en assurer, mettez un peu de jus dans une cuillère, et l'exposez au froid ; s'il se congèle ou se fige, ôtez votre confiture, elle est assez cuite.

Conserve de Groseilles, par M. VIARD.

Prenez deux livres de groseilles rouges égrenées, et trois livres de sucre. Mettez les groseilles sur le feu dans une bassine d'argent, afin que la plus grande partie de l'humidité qu'elles contiennent s'évapore ; pressez-les ensuite sur un tamis, pour en extraire la pulpe, que vous remettez dessécher sur le feu, en remuant toujours jusqu'à ce que vous découvriez aisément le fond de la bassine : pendant ce temps-là, faites fondre le sucre et le faites cuire au cassé ; vous le versez sur les groseilles, et remuez assez pour les empêcher de s'attacher à la bassine ; vous la retirez du feu, en continuant de remuer jusqu'à ce que le mélange se boursoufle : vous le versez alors dans les moules.

Autre Recette.

Prenez une livre de groseilles rouges ; ôtez-en les grappes, et mettez-les sur le feu avec un verre d'eau; faites-les cuire jusqu'à ce qu'elles aient rendu leur eau; passez-les dans un tamis en les pressant fort, et qu'il ne reste que les peaux dans le tamis; mettez tout ce que vous avez passé sur le feu, et le faites réduire jusqu'à ce que cela forme une marmelade épaisse; mettez une livre de sucre dans une poêle avec un verre d'eau; faites bouillir et écumer; continuez de faire bouillir, jusqu'à ce que, trempant les doigts dans l'eau, ensuite dans le sucre, et les remettant et les remuant dans l'eau, le sucre qui reste dans vos doigts se casse net; ôtez-le du feu et mettez-y votre marmelade de groseilles; remuez-les ensemble jusqu'à ce qu'il se forme une petite glace dessus; dressez-la dans un moule de papier. Quand elles sont presque froides, vous passez le couteau par-dessus, en marquant des façons en carré ou en long; quand elles sont tout-à-fait froides, vous n'avez plus qu'à les rompre pour vous en servir.

Conserve des Quatre Fruits, par M. CARDELLI.

Prendre des cerises, des fraises, des framboises, des groseilles, de chaque, huit onces; après les avoir mondées et épluchées, ôté les queues et les noyaux, on les écrase sur un tamis pour les passer ensuite, en les exprimant, au travers d'un linge ; faire fondre sur un feu doux, avec suffisante quantité d'eau, trois livres de sucre ; l'écumer et l'amener au cassé, le retirer pour le jeter sur le suc exprimé des fruits ; remettre sur le feu, donner un bouillon en remuant continuellement jusqu'à ce que le sucre boursoufle ; versez ensuite dans les moules préparés d'avance.

Dragées de Groseilles, par M. CARDELLI.

Faites dessécher à l'air, en les exposant dans des bannettes, trois livres de groseilles choisies et égrenées ; mettez-les ensuite à l'étuve, saupoudrez de gomme et de sucre pour les grossir sur un feu doux, dans la bassine brûlante, avec trois livres de sucre cuit à la nappe : on les reprend ensuite dans la bassine à tonneau pour les blanchir avec du beau sucre, à dose suffisante ; on les fait chauffer et ensuite bien lisser et sécher.

Eau de Groseilles, par M. CARDELLI.

Après avoir choisi une livre et demie de groseilles bien mûres, transparentes et fraîchement cueillies, on les égrène, on les broie dans un mortier, en roulant le pilon pour ne pas écraser les pepins. Après avoir ajouté quatre onces de framboises, aussi écrasées, on rassemble le tout dans un vase de verre, que l'on expose pendant quelque temps aux rayons du soleil, ou à l'ardeur d'un feu très clair, pour mêler ensuite à dose convenable. Ordinairement l'on prend un demi-setier de suc de groseilles, par pinte d'eau, dans laquelle on a fait fondre auparavant quatre ou six onces de sucre. Après avoir agité le tout en versant le liquide d'un vase dans un autre, pour que le mélange soit aussi exact que possible, on fait rafraîchir pour passer et tirer à clair, soit avec la chausse, soit avec un tamis, en exprimant encore le marc avec la presse, pour conserver et s'en servir au besoin. (*Manuel du Limonadier*, p. 9, *déjà cité.*)

Autre Recette.

Épluchez des groseilles, et, sur trois livres de ce fruit, ajoutez une livre de framboises bien fraîches et non trop mûres; exprimez le jus et passez-le promptement et légèrement à travers une étoffe : versez ce jus dans des demi-bouteilles de verre ou de grès : bouchez-les et ficelez-les; puis, avec du foin, assujettissez-les debout dans un chaudron rempli d'eau jusqu'à la hauteur du goulot des bouteilles, et faites prendre à l'eau deux ou trois bouillons. On laisse ensuite refroidir ces bouteilles; on les porte à la cave, et on les enfouit dans le sable : ce jus se garde ainsi parfaitement une année entière.

Gelée de Groseilles à froid, par M. Bosc.

Écrasez la quantité de groseilles bien mûres que vous jugerez convenable ; exprimez-en le jus à travers un linge, et mêlez-y autant de sucre qu'il lui est possible d'en prendre. En remuant continuellement ce mélange, on accélère la dissolution du sucre ; lorsqu'il n'y a pas assez de cette dernière substance, la gelée fermente dans les chaleurs ; lorsqu'il y en a trop, elle candit : le coup d'œil seul peut guider dans ce cas. Cette gelée, faite sans feu, conserve tout le parfum de la groseille : on peut la garder deux ans, si on la tient dans un lieu convenable, c'est-à-dire dans une cave fraîche. (Bosc, *Dict.*)

Gelée de Groseilles framboisée, par madame Pariset.

Il faut prendre poids égal de groseilles épluchées et de sucre concassé, dans une poêle ; mettre ce mélange sur un feu clair et vif, et le laisser prendre un seul bouillon couvert, c'est-à-dire le retirer lorsque le bouillon, s'étant formé sur les bords, il s'en forme au milieu un autre qui, en peu d'instans, couvre la poêle entièrement. Il faut ensuite passer au tamis de crin sans remuer, et couvrir de framboises le tamis sur lequel on coule la gelée.

Madame REDOUTÉ, épouse du célèbre peintre, fait tous les ans, à Fleury, par le même procédé, des confitures ou gelée de groseilles blanches avec une addition de framboises également blanches : elles sont blanches, transparentes et semblables à la gelée de pommes de Rouen.

Des religieuses, à Saint-Germain, font des gelées avec des groseilles à maquereau ; elles prennent une quantité donnée de ces fruits, et y ajoutent, en sucre, un quart de leur poids.

Autre Recette.

Prenez une quantité quelconque de belles groseilles rouges avec un quart de blanches ; ajoutez-y le demi-quart de framboises : mettez le tout dans une bassine sur le feu, avec un grand verre d'eau pour les empêcher de s'attacher au fond ou de brûler, et remuez-les avec la spatule. Lorsqu'elles sont bien crevées, et ont fait quelques bouillons, vous les retirez et les passez dans des tamis que vous tenez au-dessus des terrines, et les laissez égoutter pendant trois ou quatre heures ; alors vous jetez le marc et passez le jus à la manche, puis, après l'avoir mesuré, vous versez dessus une égale quantité de sucre que vous avez clarifié et fait cuire au cassé ; vous remettez le mélange sur le feu en remuant bien avec l'écumoire ; lorsqu'il monte, vous trempez l'écumoire dans la bassine, ce qui empêche le jus de s'élever au-dessus des bords. Votre gelée sera faite lorsqu'en l'étendant sur l'écumoire elle formera ce qu'on appelle nappe ; vous la retirez alors du feu et la versez dans des pots : lorsqu'elle est refroidie, vous découpez du papier blanc dans la dimension de l'ouverture de vos pots ; vous le trempez dans de bonne eau-de-vie, l'appliquez sur votre gelée, et recouvrez ensuite vos pots d'un double papier blanc.

(VIARD).

Autre Recette.

Prenez six livres de groseilles rouges, trois livres de blanches et deux livres de framboises ; ces fruits doivent être à un bon point de maturité : mettez-les dans une terrine, écrasez-les avec vos mains et retirez-en les rafles ou queues ; mettez alors vos fruits dans un torchon pour les presser fortement et en exprimer tout le jus. Mettez ce jus dans la bassine, sur un grand feu, écumez ; quand il aura bouilli pendant un quart d'heure, vous y ajouterez le sucre dans la proportion de trois quarterons par livre de jus : laissez encore bouillir une demi-heure en continuant d'écumer. Pour vous assurer que votre gelée est suffisamment cuite, vous en versez une cuillerée sur une assiette : si elle fige, c'est que la cuisson est à son point ; versez-la dans les pots, et les couvrez deux jours après.

Glaces à la Groseille, par M. CARDELLI.

Choisir et égrener deux livres de groseilles bien mûres, une livre de cerises et demi-livre de framboises ; les piler, les broyer toutes ensemble après en avoir extrait le suc en les passant à travers un linge peu serré ou un tamis. Sur une livre de fruit, ajoutez une livre de sucre cuit au petit lissé, et deux jus de citron : on peut, avec ce mode de préparation, obtenir des glaces plus ou moins consistantes ; et si elles étaient trop onctueuses, trop épaisses, on ajouterait de l'eau jusqu'à ce qu'elles eussent les qualités désirées ; mais comme au bout de cinq à six semaines tous ces fruits disparaissent, il convient de se précautionner et de les conserver par les moyens connus, soit en les gardant en consistance de gelée, soit en mêlant le suc exprimé des groseilles avec moitié sucre, pour le faire bouillir pendant quelque temps enfermé dans des bouteilles. Un peu avant de se servir de l'un ou de l'autre de ces moyens pour faire des glaces,

on les dissout pour les étendre dans de l'eau tiède ;
on passe à travers un tamis ou une chausse, et
l'on fait glacer, comme de coutume, lorsqu'il
est refroidi

Groseilles dites *de Bar,* par madame Gacon-
Dufour.

Avec des aiguilles fines vous ôtez tous les pepins, en prenant le plus de précaution possible
pour que les grains restent en leur entier ; vous
laissez ces grains attachés à la grappe, et vous ne
mêlez point la groseille rouge avec la blanche.
Il faut, pour cette confiture, demi-livre de sucre
ou de cassonade par livre de fruit. Vous exprimez du jus de groseilles, comme pour faire la
gelée, toujours en séparant la blanche de la
rouge, que vous mettez aussi dans des pots différens, puis vous laissez bien sécher vos grappes, dépouillées de leur pepins : vous faites un
sirop dans lequel vous mettez vos grappes et leur
faites jeter deux ou trois gros bouillons, ensuite
vous les retirez et les mettez à l'instant dans des
petits pots de verre, à peu près comme ceux où
l'on sert les glaces ; vous remettez votre sirop
et votre jus de groseilles sur le feu ; vous le faites
cuire jusqu'au degré de gelée, après quoi vous
remplissez vos pots avec cette gelée, toujours

comme je l'ai dit, la blanche et la rouge séparées. Vous pouvez en assurance étiqueter vos pots *Groseilles de Bar;* elle leur est parfaitement semblable, et coûte beaucoup moins cher.

Groseilles perlées.

Prenez de très belles grappes de groseilles mûres ; trempez-les l'une après l'autre dans un verre d'eau, pour les humecter, et roulez-les dans le sucre en poudre; mettez-les sécher sur du papier, le sucre se cristallisera autour de chaque grain, ce qui fera un fort joli effet. Le sucre s'attachera mieux aux grains si on mêle avec l'eau une cuillerée de sirop quelconque.

Autre Recette.

On choisira, de préférence, de belles grappes de groseilles blanches de la variété à gros grains. Trempez-les l'une après l'autre dans un verre d'eau, dans lequel vous aurez ajouté une cuillerée de sirop de sucre, et roulez-les dans du sucre pulvérisé très fin ; mettez-les sécher sur des feuilles de papier d'office, le sucre se cristallisera; dressez sur un compotier de cristal. C'est un plat de dessert fort élégant.

Meringues farcies aux Groseilles à maquereau.

Prenez six blancs d'œufs, trois onces de sucre en poudre, et la râpure d'un citron; fouettez les blancs d'œufs jusqu'à ce qu'ils soient en neige; ajoutez-y le sucre et la râpure du citron, et remuez le mélange jusqu'à ce qu'il soit entièrement liquide. Mettez cette pâte sur des feuilles de papier, formez vos meringues, rondes ou ovales, de la grosseur d'une noix, et laissez au milieu un vide; vous les saupoudrez, et les faites cuire comme d'usage. Lorsqu'elles sont bien levées et ont pris couleur, vous les retirez du four pour mettre dans le milieu une groseille à maquereau, en ayant soin de préparer vos fruits comme il est dit en la recette de la *Compote de groseilles vertes*, et vous recouvrez la meringue pleine avec une autre.

Pâte de Groseilles, par M. CARDELLI.

Choisir et égrener de belles groseilles bien mûres; ôter les rafles, les écraser, les mettre sur le feu, en y ajoutant une chopine d'eau ordinaire; après quelques minutes d'ébullition, et lorsque le fruit est crevé, verser tout dans un tamis et exprimer le suc; laissez reposer; coulez par inclinaison et faites réduire à moitié; retirez du feu, et mélangez la groseille clarifiée dans une égale quantité de sucre cuit au cassé ; servez-vous, pour remuer, d'une spatule en bois. Dès l'instant où vous apercevrez le fond de la bassine, coulez dans les moules pour la faire sécher à l'étuve et conserver à l'abri de l'humidité. Si, dans la pulpe obtenue avec la groseille, on incorpore une certaine quantité de celle de framboise, on rend la pâte encore plus agréable au goût.

Pruneaux de la Groseille à maquereau, dite la verte longue.

Les grains de ces groseilles seront cueillis mûrs, et arrangés un à un sur de petites claies. On les mettra au four à la sortie du pain ; laissez-les jusqu'à ce qu'on le chauffe de nouveau ; et avant de les y remettre, retournez ces grains un à un. Retirez-les, et les remettez plusieurs fois, jusqu'à ce qu'ils aient acquis le degré de siccité que vous jugerez convenable. Vous les arrangerez, ainsi préparés, couche par couche, dans des boîtes garnies de papier, après toutefois les avoir étalés quelque temps dans un lieu aéré. Ces pruneaux sont excellens.

Ratafia des Quatre Fruits, par M. CARDELLI.

Choisir quinze livres de belles cerises bien

mûres, leur ôter la queue, y ajouter sept livres
de groseilles égrenées, trois livres de framboises;
mettre le tout à la presse, et extraire entièrement
le suc que ces fruits peuvent contenir, dans lequel on fera fondre, par pintes, six onces de
sucre blanc. Mélanger exactement quantité égale
d'au-de-vie rectifiée avec deux gros de gérofle et
un gros de macis; laisser déposer le tout pour
décanter, tirer à clair, et conserver dans des bouteilles bien bouchées.

Ratafia de Fruits rouges. (Manuel du Confiseur.)

Après avoir choisi quatre livres de cerises;
guines noires et merises, de chaque une livre;
groseilles, fraises, framboises, de chaque deux
livres, on les épluche, on les écrase; on fait infuser le tout, pendant quinze à vingt jours,
dans suffisante quantité d'eau-de-vie, et égale au
jus des fruits, pour passer au tamis, et tirer à
clair à travers une chausse ou un linge. Pour
chaque pinte de liqueur on ajoute deux gros d'a-
mandes amères concassées, deux clous de gérofle,
vingt gros de cannelle, autant de macis et de poivre blanc, pour faire infuser de nouveau pendant l'espace de deux mois; décantez, et y ajoutez
demi-livre de sucre pour pinte de liqueur; lors-

qu'il est fondu, on filtre, et l'on conserve dans des bouteilles bien bouchées.

Ratafia de Cassis. (Manuel du Confiseur.)

Égrener deux livres de cassis bien noir et bien mûr; ôtez les queues à de belles merises choisies, une livre; écrasez, comminuez ces deux fruits l'un avec l'autre; ajoutez feuilles fraîches de cassis contusées ou coupées menu, six onces, gérofle et cannelle, de chaque demi-gros; mettre le tout infuser à froid dans un endroit à l'abri de la lumière dans une cruche non vernissée ou un grand bocal de verre, après avoir versé dessus six pintes d'eau-de-vie à vingt ou vingt-deux degrés, et laissé pendant l'espace de quarante jours, passez au tamis ou à la chausse; faites fondre trois livres de sucre dans une pinte d'eau; laissez refroidir, et mélangez le tout exactement pour conserver dans des bouteilles bien bouchées.

Autre Recette.

On fait principalement du ratafia des grains du cassis. Pour cela on les écrase, on les passe dans un linge, on mêle leur jus avec de l'eau-de-vie à dix-huit degrés, et on ajoute moitié en poids de sucre, avec un peu de cannelle, de gérofle ou autre aromate du même genre. Cette recette a été empruntée à M. Bosc.

Ratafia de Groseilles, par M. VIARD.

Procurez-vous quatre pintes d'eau-de-vie, deux de jus de groseilles, deux livres de sucre concassé, un gros de cannelle aussi concassé, un gros de gérofle.

Vous avez égrené vos groseilles, avant de les mettre à la presse pour en exprimer le jus ; vous avez rectifié l'eau-de-vie, en y ajoutant les aromates ; vous réunissez les liqueurs et les laissez reposer pendant un mois ; après ce temps, vous décantez le mélange, y faites fondre le sucre, et filtrez le ratafia.

Autre Recette, par M. CARDELLI.

Égrener suffisante quantité de groseilles bien mûres pour en extraire, en les comprimant, deux pintes de jus ; après avoir rectifié quatre pintes d'eau-de-vie ordinaire avec cannelle et gérofle, de chaque un gros, pour la mélanger avec la groseille, et la laisser infuser pendant l'espace de trente à quarante jours, décanter ensuite et y ajouter trois livres de sucre ; lorsque ce dernier est entièrement fondu, on passe à la chausse pour tirer à clair, et conserver dans des bouteilles bien bouchées. Quelques uns, au lieu de cannelle et de gérofle, y mêlent une certaine quantité de framboises, ce qui sert encore à l'aromatiser d'une manière agréable.

Sirop de Groseilles, par madame ADANSON.

Prenez dix livres de groseilles rouges égrenées, deux livres de cerises sans queues ni noyaux, deux livres de framboises; mettez le tout dans une bassine avec un verre d'eau, faites frémir à petit feu sans remuer. Quand le jus des fruits est sorti, versez-le dans un tamis placé sur une ter-rine ; laissez égoutter jusqu'à ce qu'il ne tombe plus rien. Alors pesez le jus, prenez le double de beau sucre; faites-le cuire au petit cassé avec un verre d'eau ; écumez-le ; remettez-le sur le feu, faites-lui faire un seul bouillon; laissez-le refroidir dans un vase de faïence ; mettez en bouteilles, il se garde un an.

Sirop de Cassis. (Manuel du Limonadier.)

Après avoir choisi du cassis bien mûr, après l'avoir broyé dans un mortier de marbre, pas-sez-le au tamis ou dans un linge, pour en tirer huit onces de suc exprimé : laissez déposer à clair; faites cuire ensuite quinze onces de sucre blanc, au petit cassé; versez dessus et laissez bouillir un peu; enlevez l'écume, retirez du feu ; après quelques minutes d'ébullition, laissez refroidir à moitié, pour mettre en bouteilles.

Vin du pauvre, par madame GACON-DUFOUR.

Il faut prendre trente livres de groseilles rouges ou blanches (cette dernière est plus douce et plus juteuse), autant de livres de cassis, autant de petites cerises, queues et noyaux; mettre le tout dans un tonneau et le broyer avec un grand bâton, puis faire bouillir deux litres de genièvre dans cinq à six pintes d'eau, y ajouter une demi-livre ou une livre au plus de miel, afin de bien faire fermenter le genièvre, puis le mêler après qu'il aura fermenté avec le jus des fruits. Quand il aura été remué trois ou quatre fois en vingt-quatre heures, on fermera le tonneau et on l'emplira d'eau : cette seule quantité de fruits doit donner cent cinquante bouteilles d'une boisson salutaire.

On peut encore, pour lui donner plus de force, y mêler une pinte ou deux d'eau-de-vie; alors il n'y a presque point de différence avec le vin. (*Recueil pratique d'Économie rurale et domestique.*)

Vin de Groseilles à maquereau.

On en fait (des grains de Groseillier épineux) un vin assez généreux; pour cela, on met dans une barrique une certaine quantité de groseilles;

on y verse de l'eau chaude, et on tient la fu-
taille bien bouchée jusqu'à ce que l'eau soit im-
prégnée du suc de la groseille; on y mêle du
sucre et on enferme la liqueur dans de grands
vases de verre que l'on bouche avec soin : elle
est bonne à boire au bout de quelques mois.

(DESFONTAINES, *Arbres et Arbrisseaux*, 2,
p. 90.)

Vin de Champagne imité.

En Écosse et en Angleterre on imite le vin de
Champagne avec les groseilles à maquereau encore vertes; on les fait fermenter avec l'addition d'un dixième de sucre brute, et après quelques mois on obtient une liqueur blanche et
mousseuse, qui, par la chaleur, ressemble assez
au vin d'Épernay; mais il est bien loin d'en avoir
le goût et la saveur.

FIN.

TABLE DES MATIÈRES

CONTENUES DANS CET OUVRAGE.

MONOGRAPHIE ou HISTOIRE NATURELLE
DU GENRE GROSEILLIER.

AVIS AU RELIEUR.

Mettre la Figure 1 en regard de la page 8.

Mettre les vingt-trois autres Figures à la fin de l'ouvrage, selon l'ordre de leur numéro.

DE L'IMPRIMERIE DE CRAPELET,
rue de Vangirard, n° 9.

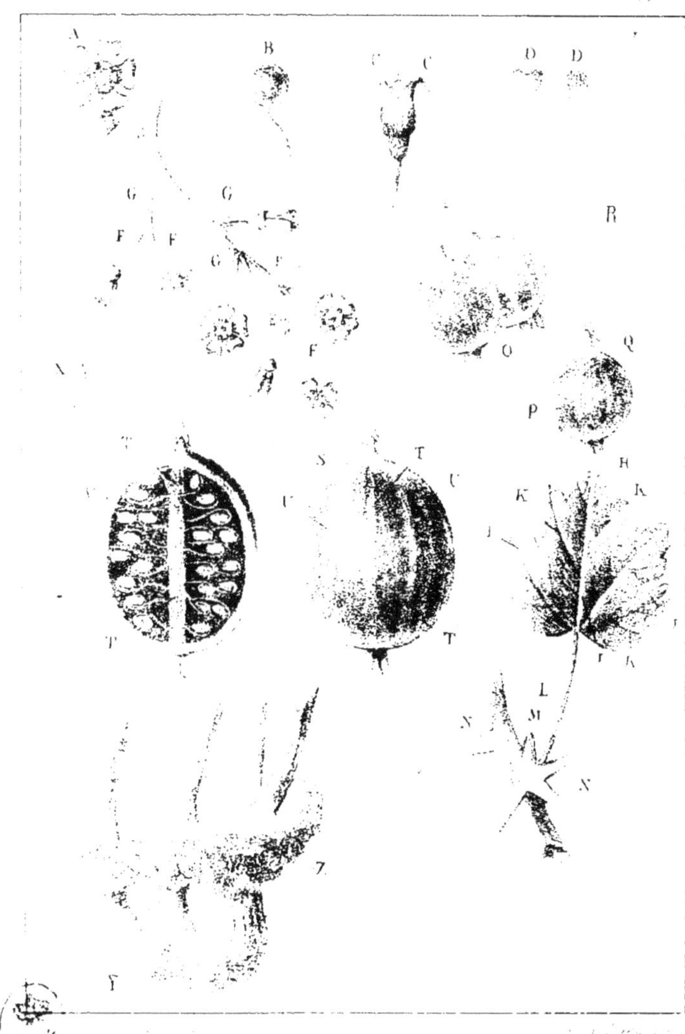

Groseillier des Jardins.

Ribes album
Le Groseiller blanc.

pag. 4
La petite rousse.

Ribes nigrum.
Le Cassis.

La Blanche lisse.

La grosse verte longue

Ribes uva crispa sur l'arbre.
La couleur de chair.

Ribes uva crispa var. Rosea

La petite Rose

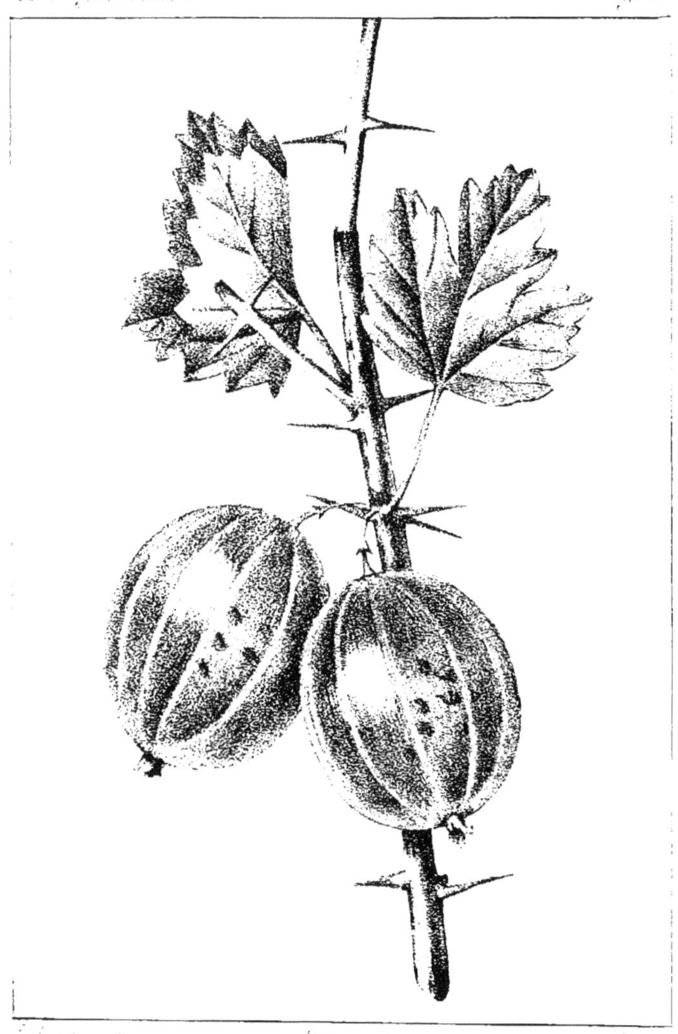

Ribes uva crispa var. vittata
La Rubannée

Ribes uva crispa var. *virescens*
La grosse verte ronde.

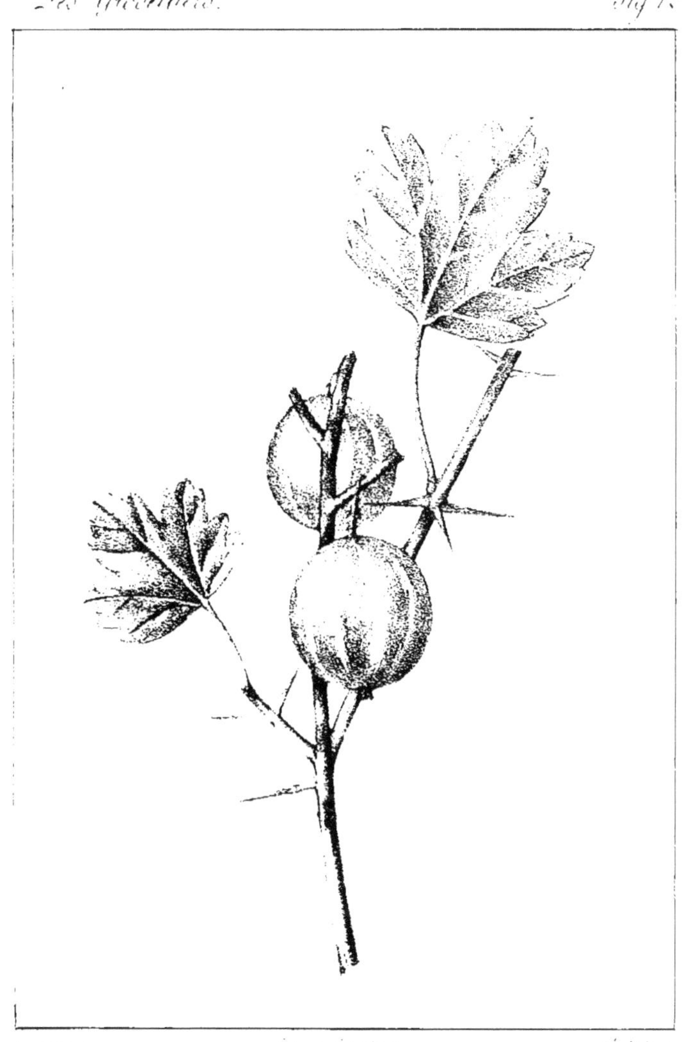

Ribes uva crispa
La groseille à maqueraux.

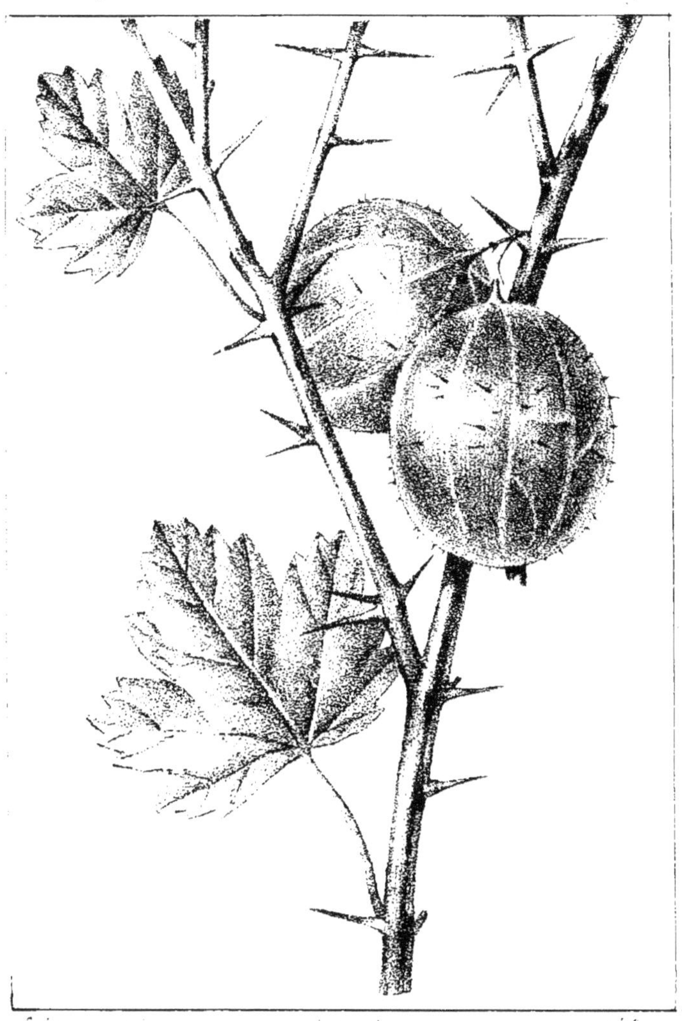

Ribes uva crispa, var spinis rubris.
L'épine rouge.

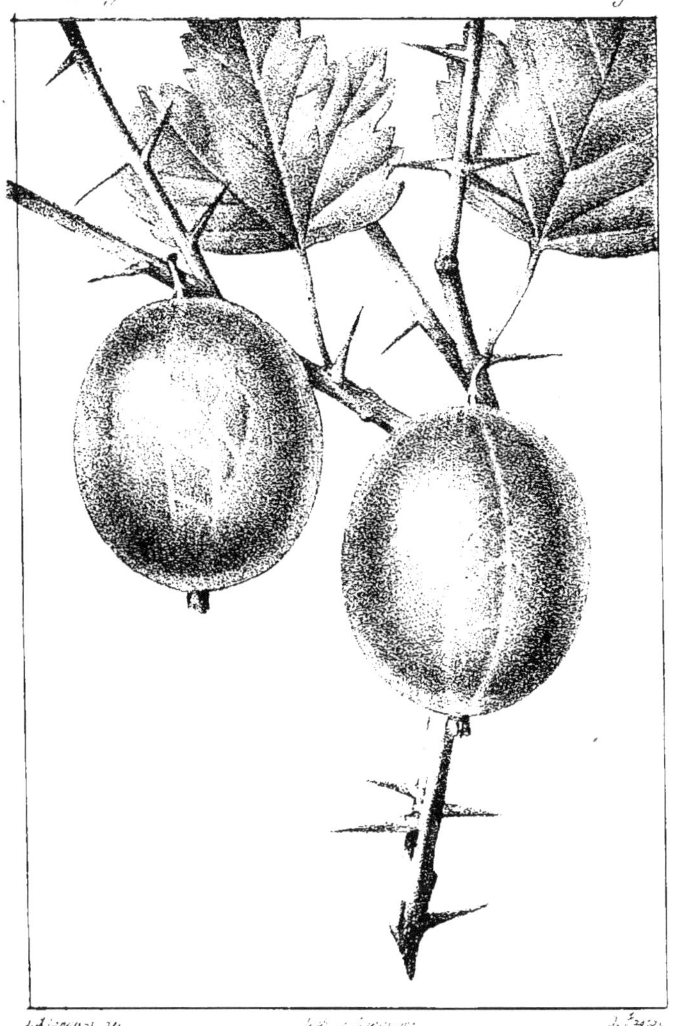

Ribes uva crispa var. violacea magna.
La grosse violette Anglaise

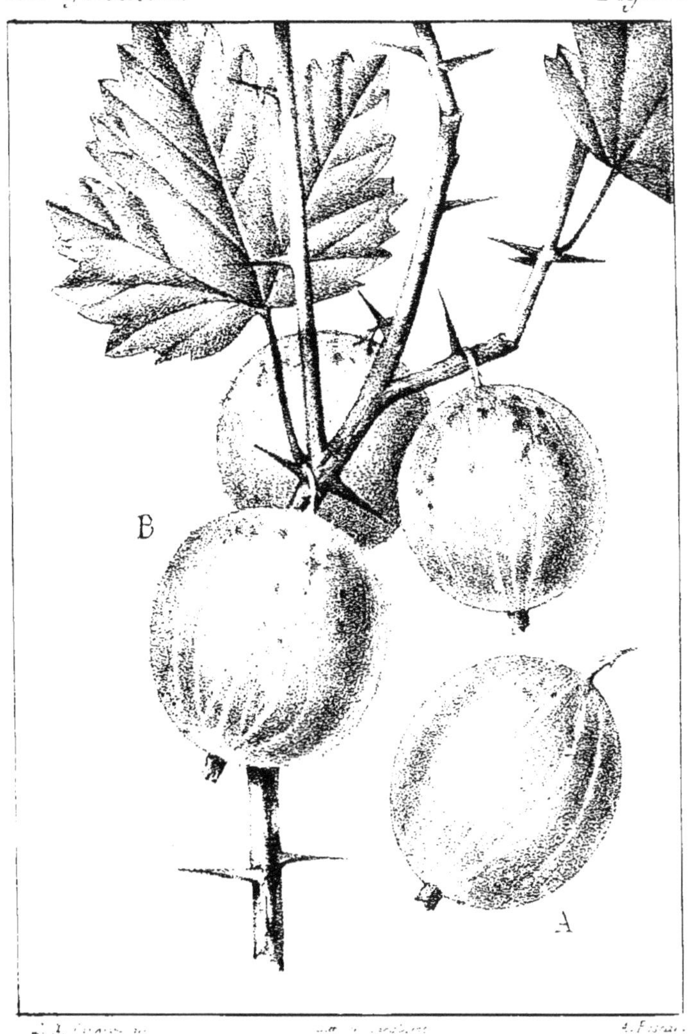

Ribes uva crispa, var. succinea

A Lævis   B Hirta

La belle ambrée lisse.   La belle ambrée hérissée.

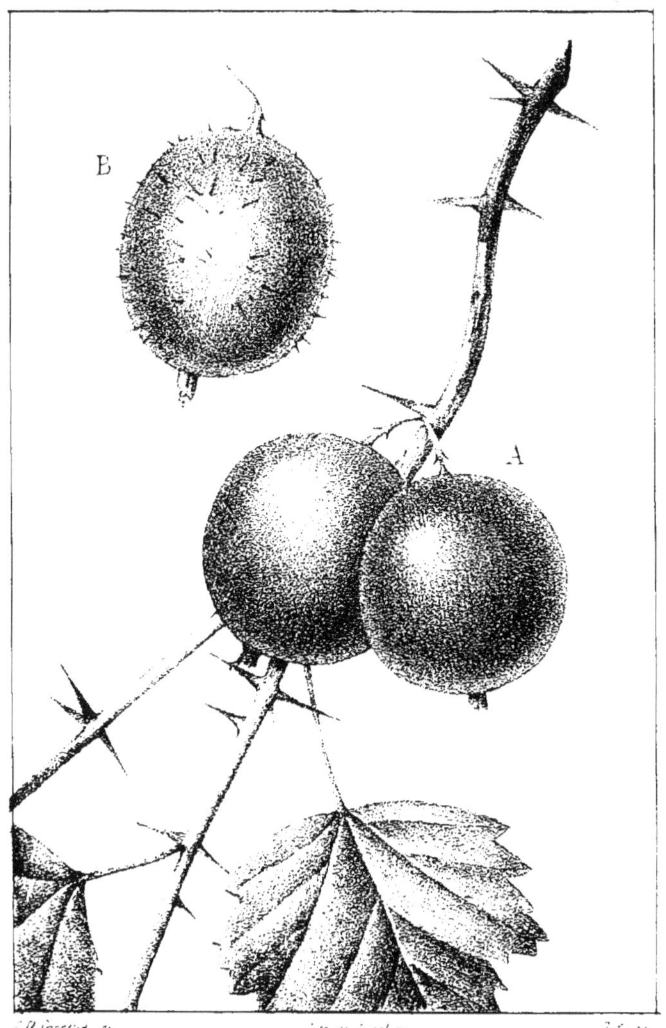

Ribes uva crispa, var. subnigra.
A. lævis.   B. spinosa.
La négresse lisse.   La négresse à épine.

Ribes uva crispa, var sanguinolenta.
La Sanglante.

Ribes uva crispa. var *Longi-pedata.*
La Groseille à long pédoncule.

Ribes uva crispa var ...

La Groseille à deux couleurs.

Ribes uva crispa vulgaris

Le Groseiller épineux

Ribes Grossularia.

Le Groseiller à fruits lisses

Ribes Pensylvanicum.

Groseiller de Pensylvanie.

Ribes Cynosbati

Groseiller à fruit piquant

Ribes Alpinum.
Groseiller des Alpes.